JN064820

NTTコミュニケーションズ

インターネット検定

公式テキスト

.com Master BASIC

― 第4版 ―

発　行：NTTコミュニケーションズ　　発　売：NTT出版

.com Master BASICの概要と特徴

（ドットコム マスター ベーシック）

◆.com Master BASICとは

インターネットを安心・安全に利用するにあたり、最低限必要な知識（技術的背景、仕組みの理解、モラルなど）を学習、理解することにより、利用者としてさまざまなインターネットサービスを享受してもらうとともに、気づかずに他人に迷惑をかけることを防ぎ、健全なインターネット社会の底上げを促すことを目的とします。本検定により、インターネット利用の上で必要な知識を整理し、適切な知識の習得を促すこととします。

◆.com Master BASICの認定者像

対象は、インターネット利用者すべてとし、「社会人として、必要最低限のインターネットリテラシーを身に付けた方」、すなわち、インターネットやその環境を理解した上で、法律や一般的なルールを守り、基本的なサービスを安心・安全に利用できる方として認定します。

◆.com Master BASICの認定スキル

- 身近なインターネットサービスの事例を知るとともに、適切に利用することができる。
- AIやIoTなどインターネットに関する新しい技術やサービスの概要を理解できる。
- スマートフォンやパソコンなどの情報機器や、情報機器を動かすソフトウェアの概要を理解し、自ら選択して利用することができる。
- プログラミングの基本について理解することができる。
- インターネットを利用するための接続環境や通信技術の概要について理解し、その活用ができる。
- インターネット利用のための基本的なアプリケーションであるWeb、電子メールの仕組みを理解できる。
- インターネット利用時における情報セキュリティの重要性を理解し、アプリケーションなどのアップデートやマルウェアへの対策などができる。
- インターネットに関連した代表的なトラブルなどの事例を知り、自分を守るために必要な対策を理解し、実践することができる。
- 万一のトラブル時には、必要に応じて周囲に助けを求めることや、ヘルプデスクなどへの状況説明（エスカレーション）ができる。
- マナーやプライバシー、知的財産権などを守りながら、インターネットを利用することができる。

◆カリキュラム概要

1	インターネットの利用	
	身近なインターネットサービスの特徴や、AIやIoTなどの新しい技術や仕組みの理解	■日常的に利用するさまざまなインターネットサービスの特徴を理解する ■AIやIoTなどの技術や仕組みの概要を理解できる
2	インターネットの利用を支える技術	
	インターネットアクセスに必要な各種情報機器、OSなどの理解	■スマートフォン、パソコンなどの情報機器の仕組みを理解する ■情報機器の基本的な操作ができる ■OSやアプリケーションソフトなどのソフトウェアの特徴を理解する ■プログラミングの基本と代表的なプログラミング言語について知る
3	インターネットの接続	
	インターネットの概要、インターネットを支える技術、接続方法、Webブラウザ・電子メールの仕組み、クラウドサービスの概要の理解	■インターネットの概要や、インターネットを支える基本的な技術を理解できる ■インターネットへの接続環境やデータ通信の方法について理解する ■Web、電子メール、クラウドサービスなどを活用できる
4	セキュリティ	
	情報セキュリティの理解	■インターネット利用にともなうセキュリティ上のリスクを知り、必要な情報セキュリティ対策をとることができる ■マルウェアや不正アクセスの種類と特徴を知る ■個人情報やパスワードなどの重要な情報の適切な管理ができる
5	インターネットをとりまく法律とモラル	
	インターネット利用上のマナー、プライバシーの確保、著作権法など、インターネット利用にかかわるさまざまな法律の理解	■メディアリテラシーなどのルールや利用上のマナーを理解してインターネットを利用することができる ■インターネットにおける知的財産権について理解する ■特定商取引法や個人情報保護法など、インターネット利用に関連する法律について理解する

本書の読み方とページ構成

●本書は、.com Master BASICのカリキュラムに従って、章ごとに大項目単位で区切り、節項の項目ごとの構成で学習できるようになっています。各章の見出しと内容を、順を追って学ぶことで、パソコンとモバイル機器、インターネットの基礎知識が身につきます。

●本書におけるパソコンやスマートフォンの利用例では、とくに記載のない限り、次の環境を前提としています。なお、ご使用のパソコンやスマートフォン、Webブラウザ、メールソフトによっては画面表示や操作方法が異なることがあります。

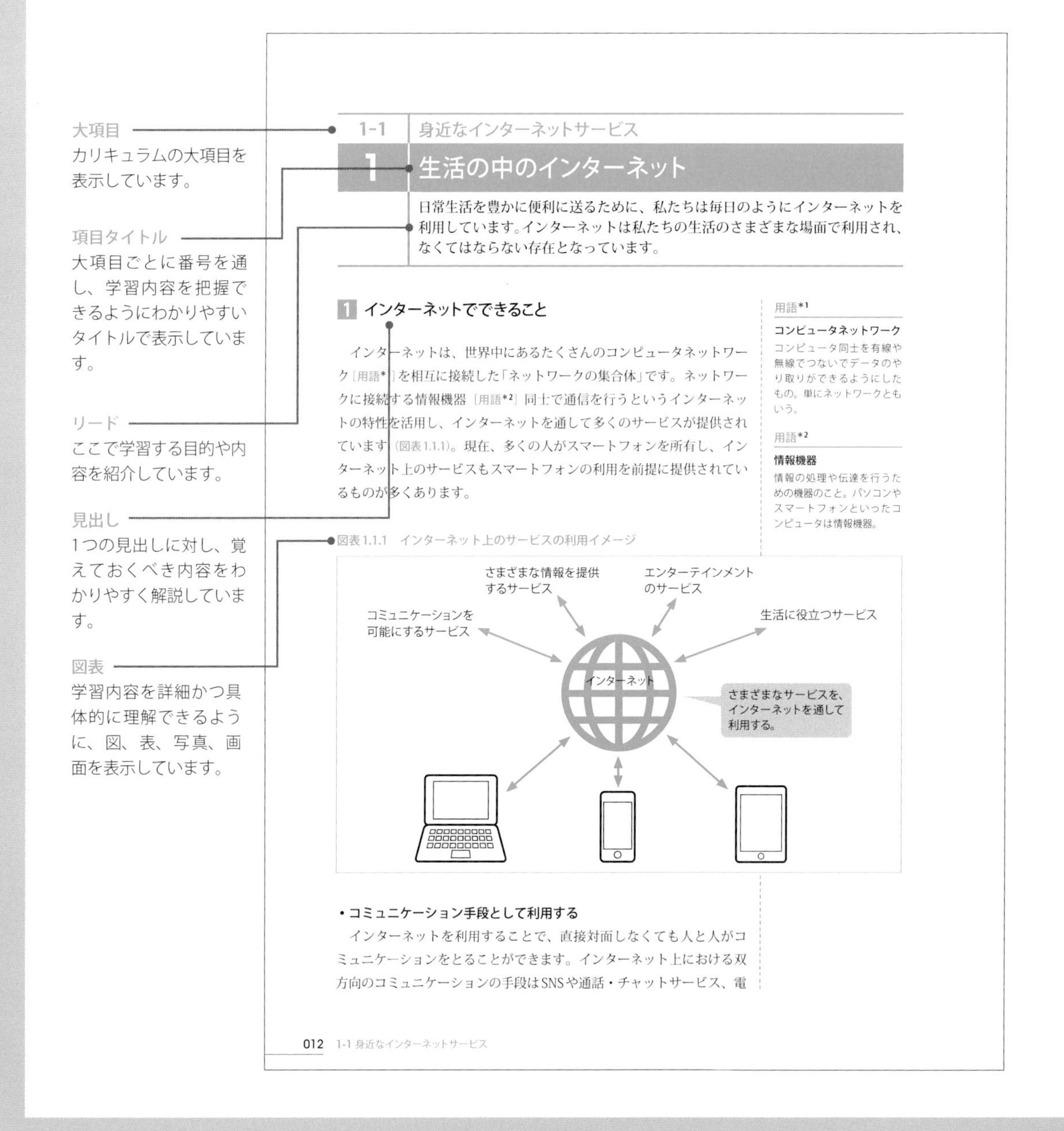

1-1 身近なインターネットサービス

1 生活の中のインターネット

日常生活を豊かに便利に送るために、私たちは毎日のようにインターネットを利用しています。インターネットは私たちの生活のさまざまな場面で利用され、なくてはならない存在となっています。

1 インターネットでできること

インターネットは、世界中にあるたくさんのコンピュータネットワーク［用語*1］を相互に接続した「ネットワークの集合体」です。ネットワークに接続する情報機器［用語*2］同士で通信を行うというインターネットの特性を活用し、インターネットを通して多くのサービスが提供されています（図表1.1.1）。現在、多くの人がスマートフォンを所有し、インターネット上のサービスもスマートフォンの利用を前提に提供されているものが多くあります。

用語*1
コンピュータネットワーク
コンピュータ同士を有線や無線でつないでデータのやり取りができるようにしたもの。単にネットワークともいう。

用語*2
情報機器
情報の処理や伝達を行うための機器のこと。パソコンやスマートフォンといったコンピュータは情報機器。

図表1.1.1 インターネット上のサービスの利用イメージ

・コミュニケーション手段として利用する

インターネットを利用することで、直接対面しなくても人と人がコミュニケーションをとることができます。インターネット上における双方向のコミュニケーションの手段はSNSや通話・チャットサービス、電

012 1-1 身近なインターネットサービス

- パソコンのOS：Windows 10
- Webブラウザ：Google Chrome
- スマートフォンのOS：Android
- スマートフォンアプリ：Google Playストアで提供されるもの

●本書に記載されている画面およびイラストは一例です。

●本書では、Windows 10をWindows、macOS CatalinaをmacOSと省略する場合があります。また、本文中の用語は、基本的に画面表示に従っています。

子メール、ブログ、動画共有サービスなど多種多様です。

・情報を検索・閲覧する

インターネット上では多くの情報が公開・提供されています。地図や路線情報、天気やニュースなど、サービス事業者が提供する情報もあります。一般のインターネット利用者が情報を提供することもあります。知りたい情報は、検索サイトなどを介してキーワードをもとに検索することができます。

・エンターテインメントを楽しむ

インターネット上では映像や音楽、記事や小説、ゲームなどがデジタルコンテンツ［用語*3］として提供されており、インターネットを介してこれらを楽しむことができます。テレビやラジオといった放送サービスはインターネット上でも提供されています。

・生活を便利に快適にする

ショッピングやオークションのようなインターネット上のサービスを利用して、欲しい物品を手に入れることができます。保険、チケット、旅行のようなサービスも販売されています。インターネットバンキングのような金融サービス、eラーニングのような教育サービスも提供されています。フリーマーケットの仕組みをインターネット上にとり入れたフリマアプリ、見知らぬ個人間で所有物やスキルの共有を仲介するシェアリングエコノミーのサービス、二次元コード［用語*4］などを利用したキャッシュレス決済サービスなど、新しい仕組みのサービスも次々と登場しています。

あらゆるモノがインターネットにつながるような仕組みはIoT［補足*5］と呼ばれます。たとえば、エアコンやテレビなどの家電製品がインターネットに接続され、遠隔での操作も可能となります。身体に装着して利用するウェアラブルデバイスはスマートフォンなどとの連携によりインターネットへの接続が可能です。声で操作するスマートスピーカ［用語*6］はインターネットへの接続があってはじめてその力を活用することができます。

2 インターネットの利用

私たちの日常生活の多くのことは、インターネットが不可欠のものとなっています。

家庭でもインターネット接続を契約することによりさまざまなサービ

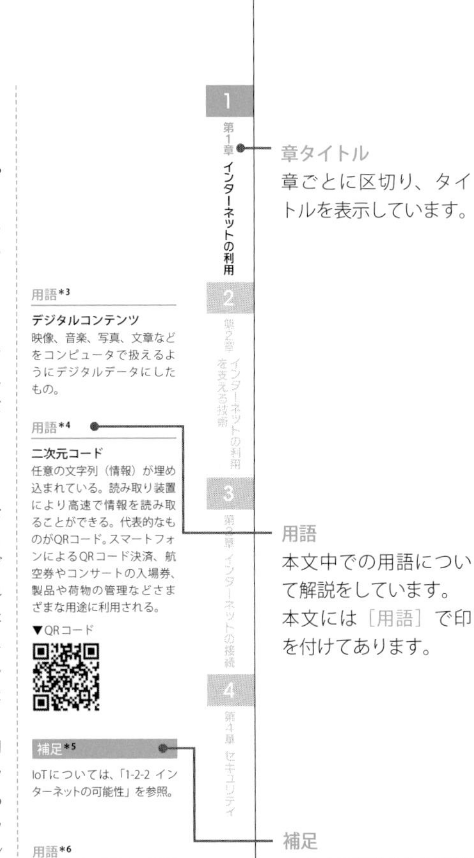

1 生活の中のインターネット 013

目次

第3章 インターネットの接続

第4章 セキュリティ

第5章 インターネットをとりまく法律とモラル

インターネット検定の検定内容や受検方法など最新情報については
以下の公式サイトで公開しています。

インターネット検定公式サイト
URL　https://www.ntt.com/com-master

●本書は、唯一公式の「NTTコミュニケーションズ インターネット検定 .com Master BASIC」の学習用テキストです。
●テキストの内容には、受検者の皆さんが効率的に学習を行えるよう、検定試験の出題範囲を出題分野ごとに系統的に解説しました。
●本書の内容に関する電話でのお問い合わせは受け付けておりません。

＊本書で記述した内容・掲載した参考URLは2020年1月現在のものです。
＊本書で説明に利用しているアドレス・ドメインについては、架空のアドレス・ドメインを利用している場合があります。

第1章

インターネットの利用

私たちは、インターネットを中心に情報をやり取りする情報社会に生きています。この章では、身近なサービスの例から私たちの生活とインターネットとのかかわりについて知るとともに、情報社会の進化を支える技術や仕組みなどについて学びます。

1-1 身近なインターネットサービス

1 生活の中のインターネット

日常生活を豊かに便利に送るために、私たちは毎日のようにインターネットを利用しています。インターネットは私たちの生活のさまざまな場面で利用され、なくてはならない存在となっています。

1 インターネットでできること

インターネットは、世界中にあるたくさんのコンピュータネットワーク［用語*1］を相互に接続した「ネットワークの集合体」です。ネットワークに接続する情報機器［用語*2］同士で通信を行うというインターネットの特性を活用し、インターネットを通して多くのサービスが提供されています（図表1.1.1）。現在、多くの人がスマートフォンを所有し、インターネット上のサービスもスマートフォンの利用を前提に提供されているものが多くあります。

用語*1

コンピュータネットワーク
コンピュータ同士を有線や無線でつないでデータのやり取りができるようにしたもの。単にネットワークともいう。

用語*2

情報機器
情報の処理や伝達を行うための機器のこと。パソコンやスマートフォンといったコンピュータは情報機器。

図表1.1.1 インターネット上のサービスの利用イメージ

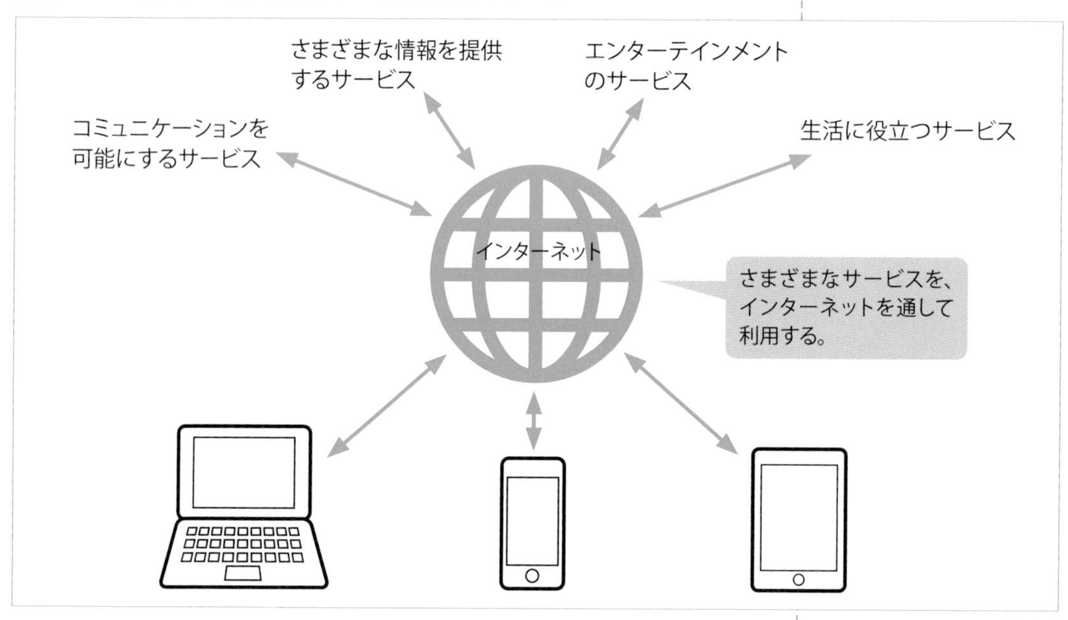

・コミュニケーション手段として利用する

インターネットを利用することで、直接対面しなくても人と人がコミュニケーションをとることができます。インターネット上における双方向のコミュニケーションの手段はSNSや通話・チャットサービス、電子メール、ブログ、動画共有サービスなど多種多様です。

• 情報を検索・閲覧する

インターネット上では多くの情報が公開・提供されています。地図や路線情報、天気やニュースなど、サービス事業者が提供する情報もあります。一般のインターネット利用者が情報を提供することもあります。知りたい情報は、検索サイトなどを介してキーワードをもとに検索することができます。

• エンターテインメントを楽しむ

インターネット上では映像や音楽、記事や小説、ゲームなどがデジタルコンテンツ［用語*3］として提供されており、インターネットを介してこれらを楽しむことができます。テレビやラジオといった放送サービスはインターネット上でも提供されています。

• 生活を便利に快適にする

ショッピングやオークションのようなインターネット上のサービスを利用して、欲しい物品を手に入れることができます。保険、チケット、旅行のようなサービスも販売されています。インターネットバンキングのような金融サービス、eラーニングのような教育サービスも提供されています。フリーマーケットの仕組みをインターネット上にとり入れたフリマアプリ、見知らぬ個人間で所有物やスキルの共有を仲介するシェアリングエコノミーのサービス、二次元コード［用語*4］などを利用したキャッシュレス決済サービスなど、新しい仕組みのサービスも次々と登場しています。

あらゆるモノがインターネットにつながるような仕組みはIoT［補足*5］と呼ばれます。たとえば、エアコンやテレビなどの家電製品がインターネットに接続され、遠隔での操作も可能となります。身体に装着して利用するウェアラブルデバイスはスマートフォンなどとの連携によりインターネットへの接続が可能です。声で操作するスマートスピーカ［用語*6］はインターネットへの接続があってはじめてその力を活用することができます。

2 インターネットの利用

私たちの日常生活の多くのことは、インターネットが不可欠のものとなっています。

家庭でもインターネット接続を契約することによりさまざまなサービ

用語*3

デジタルコンテンツ
映像、音楽、写真、文章などをコンピュータで扱えるようにデジタルデータにしたもの。

用語*4

二次元コード
任意の文字列（情報）が埋め込まれている。読み取り装置により高速で情報を読み取ることができる。代表的なものがQRコード。スマートフォンによるQRコード決済、航空券やコンサートの入場券、製品や荷物の管理などさまざまな用途に利用される。

▼QRコード

補足*5

IoTについては、「1-2-2 インターネットの可能性」を参照。

用語*6

スマートスピーカ
声で指示を行うと音声データがインターネット上のサーバに送られ、さまざまな処理を行い、その結果を送り返す。

スを利用することができます。無線LANルータを導入すると、Wi-Fi機能を持つスマートフォンやタブレット、パソコン、スマートスピーカ、家電製品、ゲーム機などの機器をインターネットに接続していろいろなサービスを利用することができます（図表1.1.2）。

図表1.1.2　インターネットの利用例（家庭内）

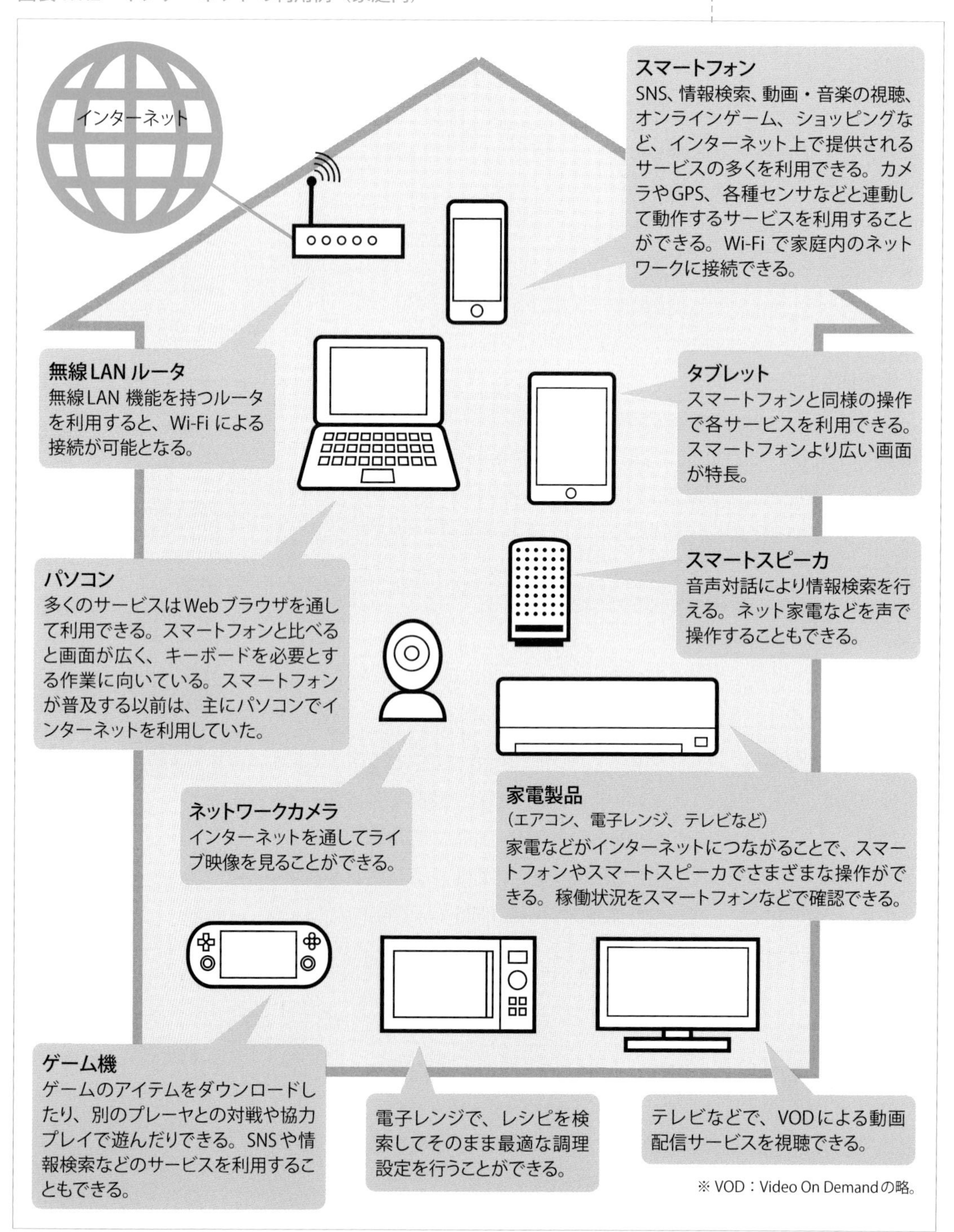

移動体通信ネットワークや公衆無線LANを利用して、屋外でもインターネットのサービスを利用することができます。目的地までの移動方法や現在地の周辺情報を調べることもできます（図表1.1.3）。

図表1.1.3　インターネットの利用例（屋外）

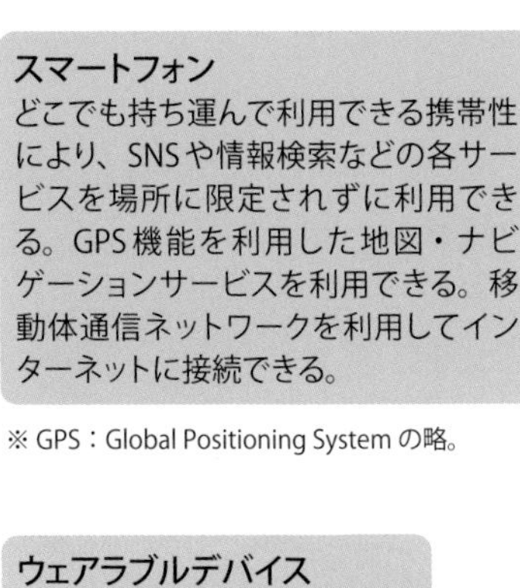

※ GPS：Global Positioning Systemの略。

Wi-Fi機能を使用してスマートフォン経由でインターネットに接続できる。たとえばデジカメで撮影した写真をSNSに投稿できる。

ウェアラブルデバイス
（スマートウォッチや活動量計）
センサにより計測した心拍数や歩数などのデータをスマートフォンとの連携により収集して管理することができる。スマートフォンとの連携はBluetoothなどのワイヤレス通信で行う。

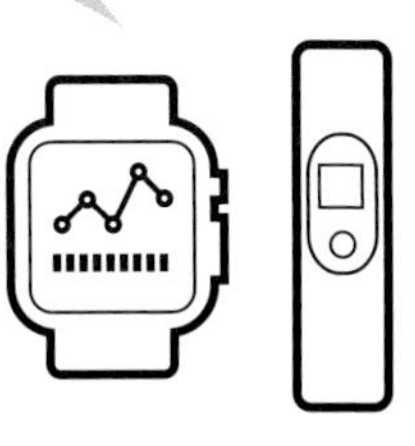

公衆無線LAN
駅や店舗などで提供されている公衆無線LANサービスを利用するとインターネットに接続できる。Wi-Fi機能を使用する。

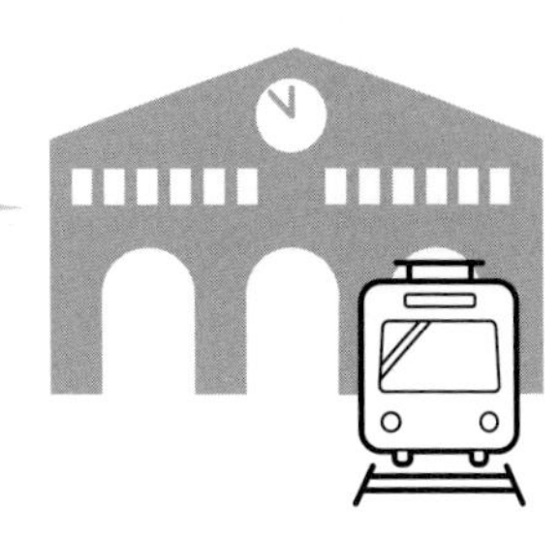

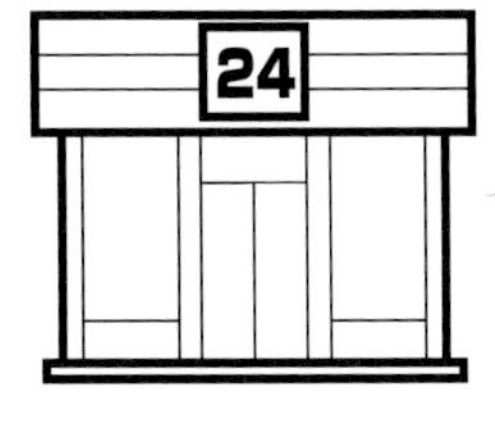

店舗では、2次元コードなどによる決済が利用できる。

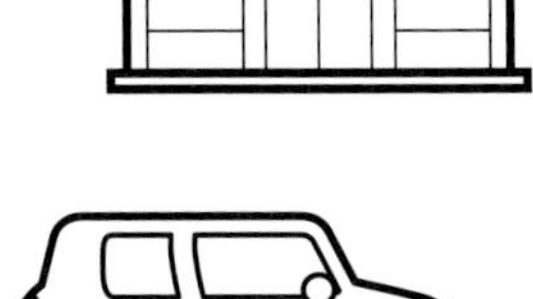

自動車
自動車本体に通信機器を搭載し、インターネットに接続してさまざまな情報のやり取りができるようにするコネクテッドカーの研究が進んでいる。交通事故発生時における緊急通報、盗難車両の追跡、地図情報の更新など、コネクテッドカー向けのサービスが提供され始めている。

学校や会社でも、インターネットは活用されています。LAN（学内LAN・社内LAN）というネットワークに接続して、インターネットを利用できるようにしています（図表1.1.4）。

図表1.1.4　インターネットの利用例（学校や会社にて）

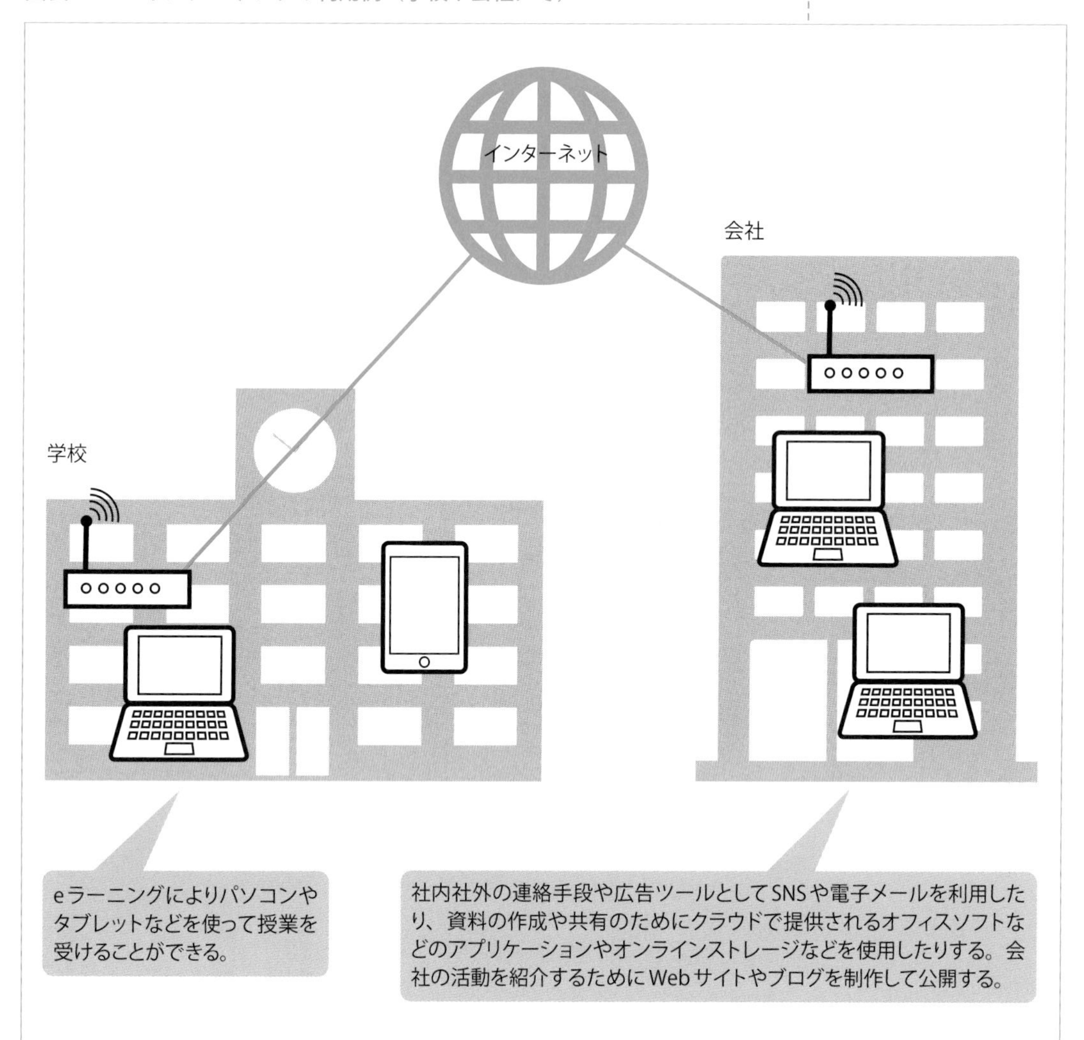

コラム●デジタルディバイド

インターネットを利用すると多くの情報やサービスの入手が可能になり、さまざまな恩恵を受けることができます。一方で、活用するスキル、通信環境、経済的理由などにより、インターネットを通して提供されるこれらの情報やサービスを十分に利用できる人と利用できない人が存在し、これらの二者間にさまざまな格差が生じます。これをデジタルディバイド（情報格差）といいます。

コラム●アクセシビリティ

情報などへのアクセスのしやすさをアクセシビリティといいます。たとえばWebサイトで色づかいや文字の大きさなどに配慮することで、高齢者なども含めたさまざまな人が、情報などを利用しやすくなります。

また、誰にとっても使いやすくなるように工夫する考え方をユニバーサルデザインといいます。Webで情報やサービスを提供する場合に、利用する人は一様ではなく、さまざまな人が利用することを考え、ユニバーサルデザインを目指すことで、デジタルディバイドの解消にもつながります。

1-1 身近なインターネットサービス

2 コミュニケーションのためのインターネットサービス

インターネットは、人と人が社会的な関係性を築くための基盤（インフラ）としても大きな役割を果たしています。コミュニケーションのためのサービスが幅広く提供されています。

1 コミュニケーションのためのサービス

インターネットはコミュニケーションの形を大きく変えました。個人やグループ間の情報伝達や情報共有、不特定多数に向けての情報発信など、さまざまな形態のサービスが提供され、これらのサービスを適切に利用することで他者とのかかわりを拡げたり深めたりすることができます（図表1.1.5）。

図表1.1.5　コミュニケーションのためのサービスの利用イメージ

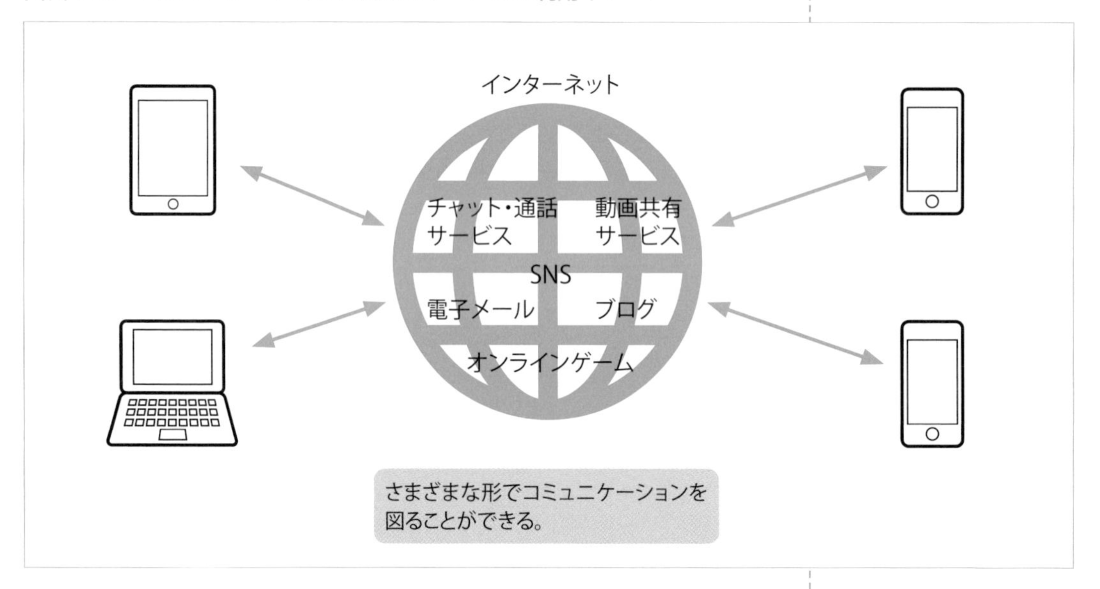

■SNS

SNS（Social Networking Service）は、人と人とのつながりに重点を置いたコミュニティ型のサービスです。サービス内で提供されるさまざまな機能が、友人や知人とのコミュニケーションを支援します。

SNSに用意されている機能には、プロフィールの公開、テキスト・写真・動画などの投稿による情報発信、つながりのあるユーザの投稿のタイムライン（時系列表示）、他者の投稿に対するコメントなどの書き込みなどがあります。チャット・通話サービスのようなユーザ同士のメッセージ交換や音声・ビデオ通話、関係性のあるユーザ同士によるグループの作成機能を持つサービスもあります［補足*1］。投稿する内容を不特定多数のユーザに向けて広く発信することも、特定のユーザに限定して公開することもできます。

SNSの代表的なものにはFacebook、Instagramなどがあります。チャット・通話サービスのLINE、ミニブログ型のTwitterがSNSに分類されることもあります。多くのSNSは、そのサービスで利用するアカウントを取得することにより無料で利用できますが、利用できる年齢に制限を設けているサービスもあります［補足*2］。

■チャット・通話サービス

サービスのユーザ同士でリアルタイムにコミュニケーションをとることができるのがチャット・通話サービスです。テキストメッセージや画像・動画などのファイルの交換、音声通話やビデオ通話を行うことができます。代表的なサービスには、LINE、Facebook Messenger、Skypeなどがあります［補足*3］。

■動画共有サービス

動画共有サービスは、ユーザの動画投稿をきっかけとしたコミュニケーションサービスです。代表的なサービスに、YouTube、ニコニコ動画、TikTokなどがあります。

テレビの生放送のように、ライブ動画をインターネット上に配信するサービスもあります。代表的なサービスにYouTube Live、Periscopeなどがあります。

■電子メール

電子メールは、インターネット経由でメッセージを送受信するサービスで、宛先や差出人を特定するためにメールアドレス［補足*4］を使用します。メッセージには、写真や動画、音楽、文書などのファイルを添付して送ることもできます。1つのアプリサービスに依存せず、メールアプリにメールアドレスやパスワードなどの必要な情報を設定することで利用できます。

電子メールのサービスには、Gmailのように Googleアカウントを持っていると利用できるフリーメール、移動体通信事業者（NTTドコモ、au、ソフトバンク）などが契約者に付与するキャリアメール、会社や学校から付与されるメール、ISPの契約により付与されるメールなどがあります［補足*5］。

補足*1

新サービスの登場や既存のサービスへの新機能の追加など、インターネットで提供されるサービスは常に進化している。SNSでも他のサービスとの融合や多機能化が進んでいる。

補足*2

Facebook、Instagram、Twitterは13歳以上でなければ利用できない。LINEは18歳未満では一部の機能を利用できない。

補足*3

広く海外で利用されているWhatsApp、中国国内で人気のWeChatなどもある。

補足*4

メールアドレスは、xxx@example.comのように「ユーザ名@ドメイン名」という構成である。

補足*5

インターネット上のサービスではないが、メールアドレスではなく携帯電話番号を宛先として短いメッセージを送受信するSMS（Short Message Service）というサービスもある。

■ブログ

ブログ［用語*6］とは、記事を投稿して作成できるWebサイトで、関心のあるテーマの記事や個人的なできごとなどの情報発信のツールとして利用することができます。書いた記事は日付順に並びます。読者が記事に対する感想や意見などを書き込めるコメント機能など、コミュニケーションのための仕組みが用意されています。企業がマーケティングを目的としてブログを活用することもあり、個人ユーザがアフィリエイト［用語*7］による収益を得るために広告を掲載する媒体として利用することもあります。

代表的なサービスに、Ameba、ライブドアブログ、gooブログなどがあります。

用語*6

ブログ
ブログとは「Weblog」（ウェブログ）の略で、「Web上にある日付順に並べられた日誌」というような意味を持つ。

用語*7

アフィリエイト
アフィリエイトとは、ブログやWebサイトに掲載された広告を経由して商品やサービスが購入されたら報酬が入る仕組みのこと。

2 代表的なサービス

■LINE

LINEは、チャットや通話によるコミュニケーションツールとして、日本では人気が高いサービスです（図表1.1.6）［補足*8］。

補足*8

本書では、とくに記載のない場合、スマートフォン画面は、Android環境のものを掲載している。

図表1.1.6　LINE

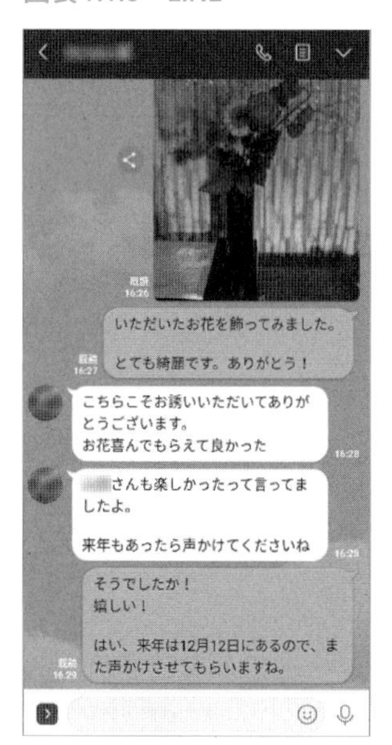

LINEの特徴

- 「友だち」になったユーザ同士でチャットや通話ができる。
- テキストの代わりに気分を表すスタンプを送ったり、写真や動画などのファイルを送ったりすることができる。
- 複数のユーザでグループを作成し、グループ内チャット、アルバムやノート（グループ内のメンバーが閲覧できる掲示板のようなもの）の共有ができる。
- タイムラインを利用すると自分の近況を登録した「友だち」に知らせることができる。

■Twitter

Twitter は、1 回で最大140 文字（英数字280文字相当）の文章が投稿できるミニブログです（図表1.1.7）。

図表1.1.7　Twitter

Twitterの特徴

- Twitterで投稿することを「ツイート」という。
- ほかのユーザを「フォロー」という行為で登録すると、自分のタイムラインにフォローしたユーザの投稿が表示される［補足*9］。
- ほかのユーザの投稿を自分の投稿としてツイートする「リツイート」という仕組みにより、情報を拡散させることができる。
- 特定のテーマに関連する情報の検索のためにはハッシュタグを利用する［補足*10］。
- 相手をフォローしている、していないにかかわらず、Twitterを利用するユーザ同士でダイレクトメッセージのやり取りができる。

補足*9

フォローにより投稿を受け取るようになるユーザを「フォロワー」という。

補足*10

ハッシュタグは#記号を頭に付けた文字列。ハッシュタグをキーワードにして検索などを行うことができる。

■Instagram

Instagramは、写真や動画に特化した投稿と共有が特徴のSNSです（図表1.1.8）。

図表1.1.8　Instagram

Instagram の特徴

- フォローによりほかのユーザの投稿を時系列で表示させることができる。
- 投稿に対して共感の気持ちを表す「いいね!」を付けたり、コメントを付けたりすることができる。
- ハッシュタグが利用できる。
- 投稿した写真や動画をFacebookやTwitterなどのほかのSNS に連携させて共有することができる。
- 投稿する写真は、Instagramに用意されているフィルタや画像編集機能を利用して好きなように加工することができる。

■ Facebook

Facebookは、実名での登録を原則とした、世界中に10億を超える会員数を持つSNSです（図表1.1.9）。

図表1.1.9　Facebook

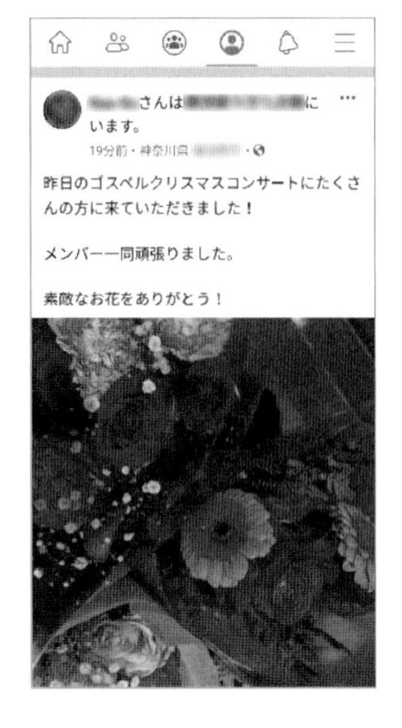

Facebookの特徴

- 詳細なプロフィール機能、近況やイベントなどの投稿や共有機能のほかに、24時間で投稿が自動的に消去されるストーリー機能、会員制コミュニティのようなグループ機能など、多彩な機能が提供されている。
- 名前で検索できるほか、プロフィール欄の卒業した学校名、勤務先などの情報をもとに昔の知り合いや会社の同僚などを探すこともできる。
- 知り合いと思われるユーザをリストアップする機能が用意されている。
- 日記や写真の投稿などはニュースフィードという機能により表示される。
- 投稿に対して「いいね！」やコメントを付けることができる。
- 情報や投稿を紹介（シェア）して、情報を拡散することができる。

■ YouTube

YouTubeは動画の共有サービスとして人気が高いサービスです（図表1.1.10）。

図表1.1.10　YouTube

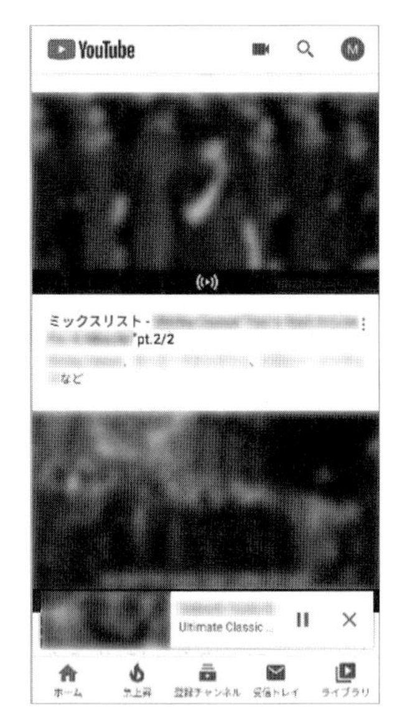

YouTubeの特徴

- アカウントを持つユーザは自分が撮影・編集した動画を投稿できる。
- テレビ放送のように自分のチャンネルを作成することができる。
- 他人が投稿した動画に評価やコメントを付けることができる。
- 気に入った動画を「再生リスト」に登録できる。
- 映画の予告編やアーティストのプロモーションビデオも公開されている。
- 動画再生時にCM広告が流れることで、動画の提供者が収益を得られる仕組みがある。これを利用して生計を立てる者はYouTuberのように呼ばれる。

1-1 身近なインターネットサービス

3 インターネットを使って利用できるサービス

インターネット上には、コミュニケーションツールのほかにも、私たちの日常生活のさまざまな場面で役に立つサービスが存在します。不特定多数の人が情報を共有できるインターネットだからこそ生まれたサービスもあります。

1 情報検索、情報収集

インターネット上には、膨大な量の情報が存在します。欲しい情報を見つけるために役立つのが検索サービスです。

■検索サービス

検索サービスでは、調べたい事がらの「キーワード」から、キーワードに関連したWeb ページ［用語*1］の一覧を表示します（図表1.1.11）。代表的なサービスはGoogleです。検索用のシステムを検索エンジン［補足*2］といいます。

用語*1

Web ページ
Webはインターネット上で情報を閲覧するための仕組み。Webにおいて提供されるページ単位の文書のこと。複数のWebページで構成された集まりはWebサイトという。Webブラウザでは1 ページ単位で表示される。

補足*2

たとえばGoogle の検索エンジンでは、クローラというプログラムがインターネットを巡回してWeb ページの情報を収集し、検索のためのデータベース（情報を整理してまとめたもの）を作成する。データベースをもとに候補となる一覧を表示する。

図表1.1.11 検索サービス（Google アプリ版）

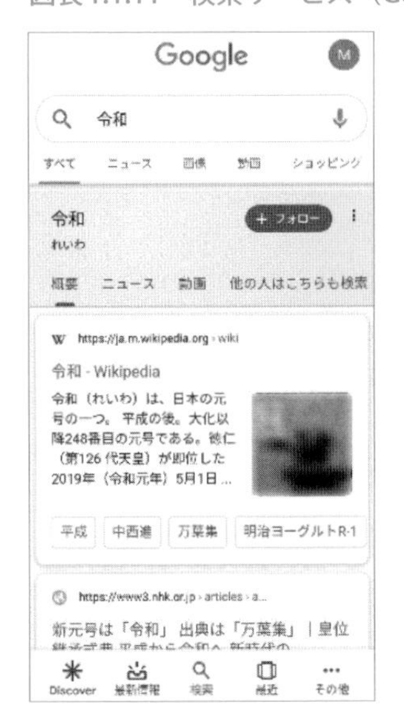

- 複数のキーワードや、音声、画像による検索が可能。
- ニュース、動画、画像、ショッピング、地図などのジャンル別や、言語の種類や期間で結果を絞り込むこともできる。

効率のよい検索方法

検索の結果、表示されるWebページが多すぎて目的のWebページが見つからないことがある。その場合は、複数のキーワードをスペース（空白）で区切って入力すると、効率よく検索できる。たとえば、「旅行」という単語だけで検索すると相当数の検索結果が表示されるが、「旅行 伊豆」などのように2 つ以上の言葉を組み合わせて検索すると、絞り込みが可能となる。

■地図検索・乗換案内

地図検索は、住所、スポット名、郵便番号などを入力して地図上で目的地を検索するサービスです（図表1.1.12）。

図表1.1.12　地図検索（Googleマップアプリ版）

- 代表的な地図検索サービスに、Googleマップ、Yahoo!地図などがある。

- 地図情報から最寄りのレストランや、コンビニエンスストア、銀行、病院などを探すこともできる。
- スマートフォンでは、GPS［用語*3］の位置情報などを利用して地図上に現在地を表示させることができる。

用語*3

GPS
Global Positioning Systemの略。全地球測位システム。衛星からの電波によって地球上の位置を測定する仕組み。カーナビ、スマートフォンなどのGPS受信機能により現在位置を知ることができる。

電車やバス、飛行機、船などの交通機関の乗り換えを案内するサービスも提供されています（図表1.1.13）。

図表1.1.13　乗換案内（Yahoo!乗換案内アプリ版）

- 代表的な乗換案内サービスに、ジョルダン、Yahoo!乗換案内、NAVITIMEなどがある。

- 出発地と目的地を入力すると複数の経路を案内する。
- 出発や到着時刻の指定、始発や終電の検索、時刻表、運行状況、運賃、駅周辺の地図情報など、詳細な情報を検索できる。

2 オンラインショッピング

インターネットでは、さまざまな商品やサービスが販売されています。ショッピングサイトでは、販売する商品の画像や説明を掲載し、ユーザが購入を申し込むと、商品が自宅や指定した場所に届きます（図表1.1.14）。

図表1.1.14　オンラインショッピング（Amazon アプリ版）

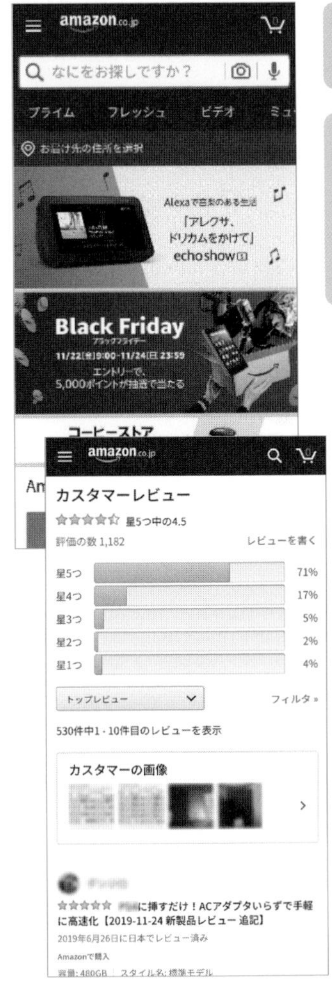

- 直販型や複数のインターネット商店が集まったモール型など多彩なショッピングサイトがある。Amazon.co.jp や楽天市場などがある。

- インターネット上で販売されている商品やサービスの種類は幅広く、日用品、家電、生鮮食料品、衣料から、保険や旅行、各種チケットまで、さまざまなものが販売されている。
- ユーザの購買履歴や閲覧履歴をショッピングサイトが分析して、おすすめ商品の提案に役立てることがある。

- 多くのショッピングサイトでは、購入したユーザが商品についての評価や感想を投稿できる仕組みを提供している。これを別のユーザが閲覧して購入の参考にできる。

■決済方法

ショッピングサイトでの購入代金は、ショッピングサイトが用意する決済方法から選択して支払います。クレジットカード、代金引換（代引き）、コンビニ、口座振込、電子マネー、通信事業者の回収代行サービス［補足*4］、仮想通貨などを利用した支払方法があります。

補足*4

通信サービスの利用料金とあわせて回収・支払を行うサービス。

■ポイントサービス

ポイントサービスは、買い物などの取引金額などに応じてポイントが付与される仕組みです。貯まったポイントは支払などに利用することができます。単一の企業が運営するポイントサービスもありますが、複数の企業が共通で運営するものが広く利用されています。オンラインと実店舗と両方で使用できるサービスもあります［補足*5］。代表的なサービスには楽天ポイント、Tポイント、dポイントなどがあります。

ポイントサービスを提供する企業側にとっては、ポイントの付与による顧客の継続利用につながるだけではなく、ポイント利用に紐づいた顧客の情報（サービス登録時に提供する個人情報や購買履歴など）を取得、分析することで、顧客への広告活動（電子メールによるお勧めなど）や商品開発などに役立てることができます。

補足*5

ポイントサービスの会員にはポイントカードが発行される。実店舗ではポイントカードを提示することでサービスを利用することができる。ポイントを管理できるスマートフォンのアプリもあり、ポイントカードの代わりにスマートフォンを提示して利用できることもある。

3 フリマ、ネットオークション

フリーマーケット（フリマ）やオークションの仕組みをインターネット上にとり入れたサービスがあります（図表1.1.15）。

図表1.1.15　フリマ・ネットオークション（メルカリ アプリ版）

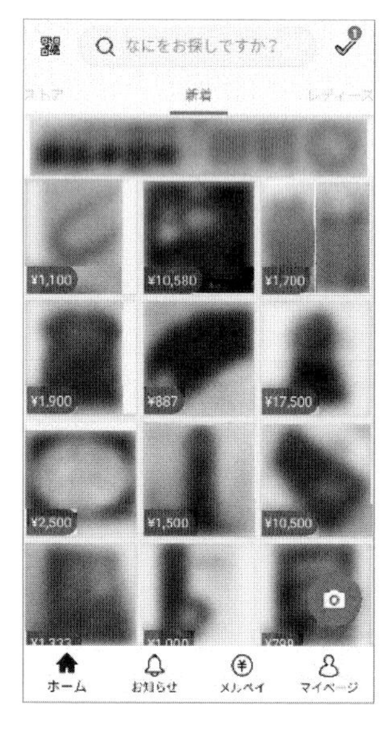

- フリマのサービスにはメルカリやラクマなど、ネットオークションのサービスにはヤフオク!、モバオクなどがある。

- フリマでは、出品者は定額で出品し、欲しい人は早い者勝ちで購入することができる。フリマアプリからスマートフォンのカメラで品物を撮影し、簡単な操作で出品が完了する。
- ネットオークションでは、出品者は売りたい商品の情報を掲載して入札を待つ。期限までに最も高い値を付けた入札者が落札する。出品者は個人や企業などさまざま。

4 動画配信

インターネットでは、映画、ドラマ、アニメ、スポーツなどさまざまな動画コンテンツが配信されています（図表1.1.16）。ユーザの要求に応じて動画を配信するビデオオンデマンド（VOD）［用語*6］というサービスが普及しています。

用語*6

VOD
Video On Demand（ビデオオンデマンド）の略。視聴者が見たいときに動画コンテンツを視聴できる。オンデマンドはユーザの要求に応じて、サービスを提供する方式のこと。

図表1.1.16　VODサービス（Amazon プライム・ビデオ アプリ版）

- VODサービスでは、プロバイダ（サービス事業者）が提供するコンテンツの中からユーザが視聴したいものを視聴したいときに選択する。
- 無料で視聴できるものは広告が入るなどサービスが制限されている。有料のサービスの場合は、1作品ごとの課金、定額制などがある。
- 映画や放送済みのテレビ番組の再放送のほか、プロバイダが独自にコンテンツを制作するものも増えている。

- 代表的なVODサービスには、Netflix、Amazonプライム・ビデオ、Hulu、dTV、NHKオンデマンド、Tverなどがある。
- テレビ放送をインターネット上で行うサービスもある。AbemaTV、DAZN などがある。

■ストリーミング

動画や音声の配信では、ストリーミング技術などを利用します。ストリーミングは、ネットワーク経由で動画や音声などを再生する際に、データのダウンロードと並行して再生を行う技術です。通信エラーなどでダウンロードされなかった際はその部分を飛ばして再生し、再生後のデータは破棄されます。

5 音楽・音声配信

音楽配信サービスでは、音楽をストリーミングで楽しむことができます（図表1.1.17）。また、インターネットでラジオの放送を楽しむことができるインターネットラジオも提供されています。

図表1.1.17　音楽配信（Spotify アプリ版）

- 音楽配信サービスには、Spotify、Apple Musicなどがある。
- インターネットラジオには、radiko.jp、NHKネットラジオ らじる★らじるなどがある。

- サービスによっては、気に入った曲をダウンロードすることができる。
- ストリーミング形式のサービスは、無料または定額制で提供されている。無料と定額制ではサービス内容が異なる［補足*7］。

補足*7

定額で一定期間サービスを利用できる課金形態をサブスクリプションという。サブスクリプションで提供されるサービスが増えている。

6 電子書籍

電子書籍は、書籍をデジタルコンテンツとして提供したもので、専用の電子書籍リーダやアプリで読むことができます［補足*8］。代表的な電子書籍販売ストアには、Kindleストア、Apple Books、Google Playブックス、楽天Kobo、LINEマンガなどがあります。

補足*8

電子書籍には、拡大縮小が自由、検索が容易、かさばらないというメリットがある。フォーマットがいくつかあるので、フォーマットに対応する機器が必要である。サービスが終了すると購入済みの書籍であっても閲覧できなくなることもある。

7 オンラインゲーム

インターネットに接続して遊ぶオンラインゲームには、リアルタイムでのゲーム対戦や、複数のユーザと一緒に進めていくゲーム、SNS と連携してほかのユーザと交流を図ることのできるゲームなどさまざまな形態があります。トランプ、すごろく、麻雀など誰でも気軽に遊べるボードゲームから、ロールプレイングゲーム、シミュレーションゲーム、アクションゲーム、スマートフォンのGPSを利用し、位置情報と連動して遊べるゲーム［補足*9］まで多くの種類が提供されています。遊び方によってはゲームの中で課金が必要となるものもあります。

補足*9
位置情報ゲームには、AR（拡張現実）を利用したPokémon GOやIngressなどがある。

8 e ラーニング

e ラーニングは、インターネットを利用した学習システムです。受講者にとっては、スマートフォンやパソコンなどの情報機器とインターネット接続環境があれば、場所や時間にかかわりなく学習する機会を得られるというメリットがあります。

eラーニングの例として、大学などの講座をインターネット経由で配信する、MOOC（Massive Open Online Course）という取り組みがあります（図表1.1.18）。このほかにも、英会話の勉強、資格取得のための講座など、さまざまなe ラーニングサービスが提供されています。

図表1.1.18　e ラーニング（gacco http://gacco.org/）

- MOOCは、幅広い受講者向けの大規模公開オンライン講座のこと。講座終了時には修了証が取得できる。
- 日本におけるMOOCの普及・拡大はJMOOC（一般社団法人日本オープンオンライン教育推進協議会）が推進している。JMOOC公認の講座の配信は gacco、OpenLearning,Japan 、OUJ MOOC 、Fisdomが行っている（2020年1月現在）。

9 オンラインバンキング、オンライントレード

インターネットを介した金融サービスも提供されています。オンラインバンキング［補足*10］は、インターネットを利用して銀行口座の残高状況の確認、銀行振込などができるサービスです（図表1.1.19）。オンライントレードは、インターネットを介して株式や投資信託などの売買を行うことです。店舗の窓口取引より手数料が安くなっています。

補足*10
インターネットバンキングやネットバンキングともいう。

図表1.1.19　オンラインバンキング（三菱UFJ銀行 アプリ版）

- 自分が口座を持っている銀行がサービスを提供している場合、申し込むことで利用することができる。
- インターネットを中心として、実店舗を持たずに運営しているものもある。

10 シェアリングエコノミー

自分が持っているモノやスキルを、インターネットを利用して共有（シェアリング）する仕組みをシェアリングエコノミーといい、多くのサービスが登場しています。自分のモノやスキルを「貸したい人」がサービスに登録し、「借りたい人」は対価を払ってこれを利用します。インターネットの普及により、直接知り合いではない人間同士が容易につながることができるようになって生まれた仕組みで、民泊、ライドシェアリング、カーシェアリング、自転車シェアリング、家事代行などさまざまなものがシェアリングの対象となっています（図表1.1.20）。

図表1.1.20　シェアリングエコノミー（AirBNB アプリ版）

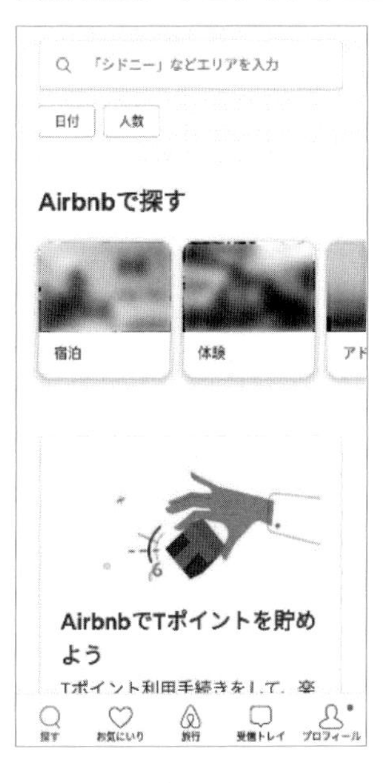

- 民泊のAirBNB、ライドシェアリングのUber、カーシェアリングのdカーシェア、家事代行のタスカジなどがある。

1 情報通信ネットワークの活用

インターネットを始めとする情報通信ネットワークは、教育、安全、医療、行政、金融などさまざまな面で情報システムを発展させました。ここでは、情報システムが社会の中で活用されている例について学習します。

1 情報通信ネットワークと情報システム

コンピュータと情報通信ネットワーク［用語*1］を組み合わせて、人間の生活に役立つ仕組みを提供しているのが情報システムです。コンピュータやインターネットが普及、発展するとともに、私たちの社会生活のさまざまな分野で数多くの情報システムが開発され、利用されています。

用語*1

情報通信ネットワーク
情報をやり取りするためのネットワークの総称。一般の電話を利用するための電話回線網、金融機関のATMや鉄道の座席予約システムのように専用の回線をつなげたネットワークなど、さまざまなネットワークがある。インターネットも情報通信ネットワークの1つ。

2 地震速報、防災情報

気象庁は、気象衛星や気象レーダー、各地の気象台・地震観測施設などで収集した気象および地震の情報をもとに、コンピュータによるデータ分析と予報を行っています。これらを天気予報などの気象情報として提供し、さらに地震・津波・台風・大雪など災害が発生するおそれがある場合は、テレビ、ラジオ、インターネットなどを通じて防災気象情報を発表します（図表1.2.1）。

地震発生時にスマートフォンなどに届く緊急地震速報は、強い揺れによる被害を最小限に食い止めるために、気象庁が発信した情報をもとに配信されています。地震計がとらえた最初の揺れから震源地や地震の規模を自動計算し、強い揺れが到達する数秒〜数十秒前に、該当地域にいる人々に対して知らせることを目的としています。

図表1.2.1　防災アプリ（Yahoo!防災速報）

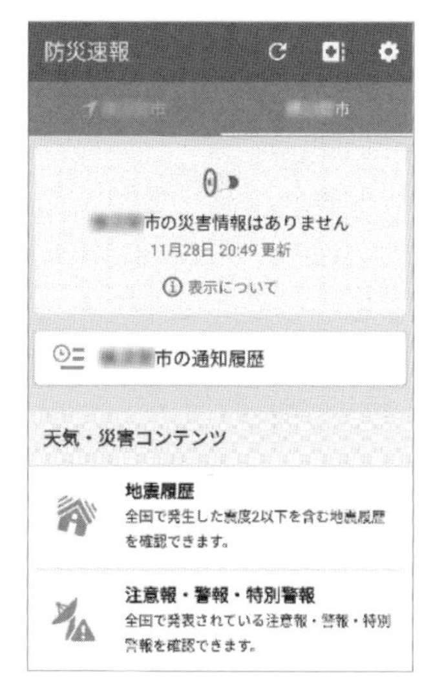

- 防災アプリは、地震、津波、豪雨など、さまざまな災害発生時に、避難情報や自治体からの緊急情報などを通知する。

3 電子カルテ、遠隔医療

病院・診療所などの医療施設においても、情報システムが活用されています。医師が患者の診察経過を記録するカルテは、従来は紙中心でしたが、現在ではこれを電子化した電子カルテが普及しつつあります。電子カルテによって病院内の各部門で情報共有が容易になり、過去の記録の検索や、レントゲン写真など患者に関連する情報の一元管理ができるので、診察の質の向上や効率化に役立ちます。電子カルテの情報をデータベース［用語*2］として活用すれば、医療の質的向上に役立てることもできます（図表1.2.2）。

用語*2
データベース
情報を目的に応じて一定の形に整理してまとめたもの。データベースにすることで情報の検索・更新がしやすくなり、情報を有効に生かすことができる。

図表1.2.2　電子カルテの活用イメージ

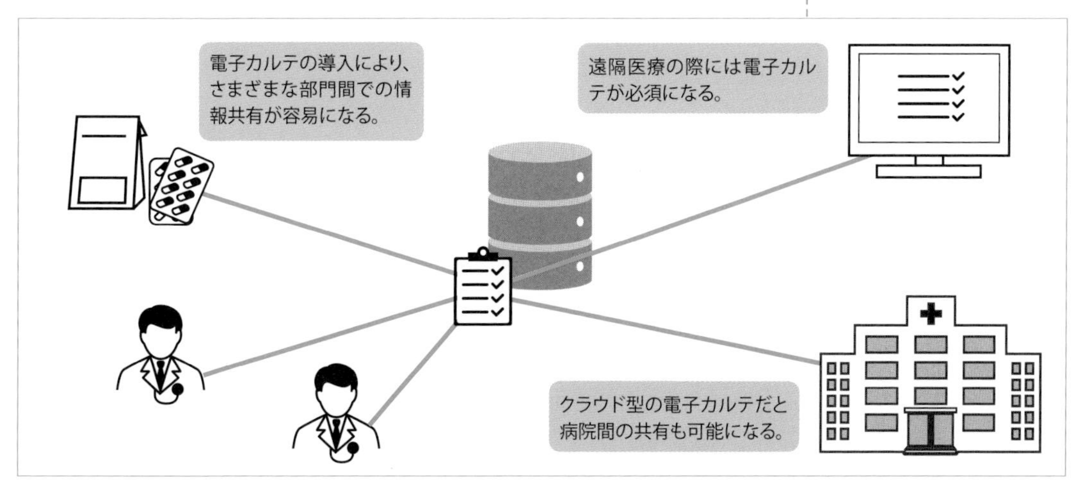

病院や診療所の少ない地域や高齢者で通院しにくい、専門医がいないなど、十分な医療を受けられないという問題を解消するために、厚生労働省はインターネットを利用して診療を行う遠隔医療を推進しています。インターネットを介したテレビ会議［用語*3］の仕組みを利用した診察・診断の運用が始まっています。

用語*3

テレビ会議

パソコンに接続したカメラ、マイク、スピーカによってネットワーク経由でリアルタイムの対話を行う仕組み。顔を見ながら会話することができる。ビデオ会議ともいう。

4 マイナンバー、年金情報

住民登録のある個人にマイナンバー（個人番号）が付与されるようになりました［補足*4］。マイナンバーは、社会保障・税・災害対策の3分野に、分野横断的に利用される共通の番号で、行政手続きの際に個人を識別するために利用されます。申請すると利用者にはマイナンバーカード［補足*5］が発行されます。

年金制度では、個人を識別するために基礎年金番号を利用します。基礎年金番号は国民年金、厚生年金などすべての年金制度に共通に使用され、年金にかかる手続きや情報すべてが基礎年金番号により管理されます。自分のこれまでの年金の記録や将来受け取る年金の見込み額なども、基礎年金番号をもとに「ねんきんネット」で調べることができます（登録が必要）。なお、年金分野におけるマイナンバーの導入が始まり、マイナンバーを使った年金の照会などができるようになりました。

補足*4

マイナンバーは、「行政の効率化」「国民の利便性の向上」「公平・公正な社会の実現」を目的として制定されたマイナンバー法によって利用が開始された。マイナンバー法については、「5-2-3 その他の関連法規」を参照。

補足*5

マイナンバーカードは、金融機関における口座開設、パスポートの新規発給、市区町村の公的証明書の発行などの際の身分証明書として使用することができる。

5 電子申請による行政手続き

書類ベースや対面ベースで行われていた行政の業務の合理化、効率化および透明性の向上や国民の利便性の向上を図るために、政府が推進しているのが全国規模で行政手続きをオンライン化する「電子政府」です。電子政府によって行政窓口が統合化され、法令などの検索、申請・手続き、意見・要望の提出、問い合わせが、家庭や企業のパソコンなどから行えるようになっています。たとえば、市役所や区役所、税務署などへ紙で持参、郵送していた申請や届出などの行政手続きを、インターネット経由でも行うことができます（図表1.2.3）。

図表1.2.3　e-Tax スマートフォン版（https://www.e-tax.nta.go.jp/）

- e-Tax は国税電子申告・納税システム。利用には電子証明書［補足*6］の取得など事前準備が必要になる。
- 申請や届出を行う官庁や自治体により、利用できる申請内容が異なるため、利用の際は該当する自治体や担当事務所のサイトを確認する。

補足*6

電子証明書は、インターネットにおける本人確認のための証明書として利用される。

6 POS システム

小売業を中心に活用されているのがPOSシステム［用語*7］です。POSシステムは、バーコードを読み取ることで、商品の販売情報や在庫情報を管理するシステムです。コンビニなどでは各店舗のPOSシステムを本部の情報システムとネットワークで接続しています。各店舗で収集されたデータはネットワーク経由で本部へ送られ、本部では収集したデータを分析して、販売動向の把握などに活用します（図表1.2.4）。

用語*7

POS システム
販売時点管理システム。POS は Point Of Sales の略。

図表1.2.4　POS システムの活用イメージ

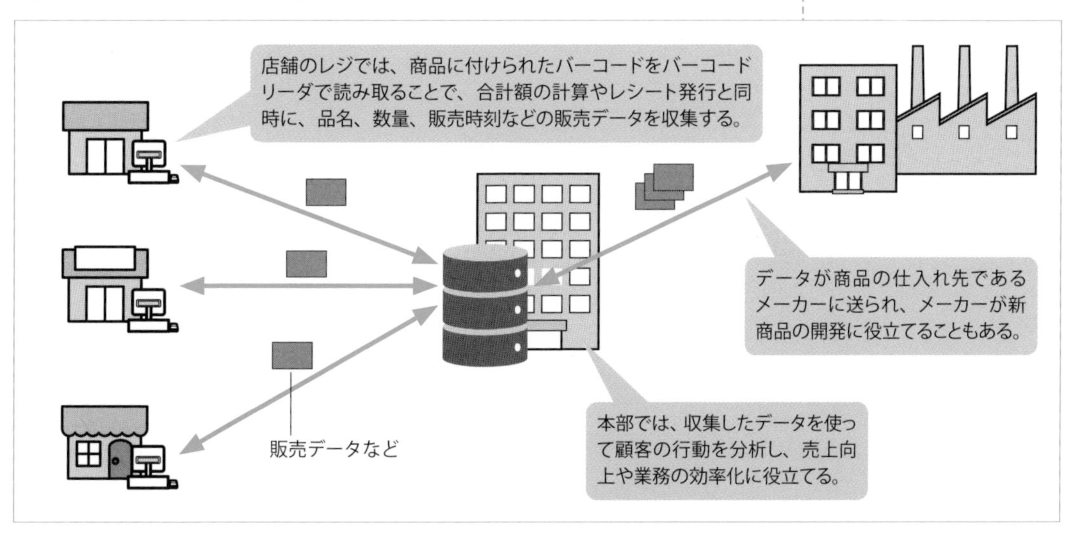

7 ATM

銀行や証券会社、クレジットカード会社などの金融機関は、さまざまな金融取引データを情報システムで処理しています。その1つが銀行やコンビニなどに設置されているATM［用語*8］の利用です。ATMは、銀行の窓口業務の一部を代わりに行う装置で、顧客の口座情報を管理する情報システムにネットワークで接続されています。ATMで預貯金の預け払い、残高照会、通帳記帳などの手続きを行うと、ATMと情報システムの間で取引情報がリアルタイムにやり取りされます。

銀行の情報システムは他の金融機関の情報システムともネットワークでつながっています。そこで、提携する金融機関のATMであれば、保有する銀行口座の取引を行うことができます。

用語*8

ATM

現金自動預払機。Automatic Teller Machine の略。入金ができない装置はCD（Cash Dispenser：現金自動支払機）という。

8 トレーサビリティ

トレーサビリティ（追跡可能性）とは、商品の履歴や動きなどの情報を確認できるようにする仕組みです。たとえば宅配便では配送する荷物に個別の番号とそれに対応したバーコードを付与し、これを読み取ることで集荷から配達までの動きをシステムで一括管理しています。利用者はこの番号をWebで提供されている追跡サービスに入力すると、配送中の荷物の状況を確認することができます。

トレーサビリティのシステムは、市場に流通する商品の管理にも利用されています。商品にバーコードやICタグ［用語*9］を付けて、どこで誰によって生産されたのか、履歴情報の照会や、流通済みの不良品の回収などに役立てることができます［補足*10］。

用語*9

ICタグ

短距離無線を利用し、非接触でデータを読み書きできるICチップを内蔵したごく小さなタグのこと。電子タグ、無線タグともいう。非接触、近距離で情報をやり取りする技術をRFIDということからRFタグともいう。

補足*10

たとえば国産の牛肉は、法律により個体識別番号の表示が義務付けられている。Web上で提供されているサービスで検索すると、個体識別番号から該当する牛の生産履歴を調べることができる。

9 電子マネー

電子マネーとは、現金の代わりにデジタルデータ（電子的な情報）をやり取りして行う決済手段のことです。利用者は、事前に発行会社から電子マネーを購入するか（プリペイド式という）、電子マネーを使った後に使った分だけクレジットカードなどで支払います（ポストペイ式という）。Amazon ギフト券のように番号で管理するもの、図書カードのような磁気カード式のものもありますが、Suica、楽天Edy、iDなどの、非接触型のICカード方式の電子マネーが広く利用されています。非接触型のICカードは、無線で近距離通信を行うRFID（Radio Frequency IDentification）という技術を利用しています。読み取り機にICカードをかざすだけで瞬時にデータをやり取りすることができます［補足*11］［補足*12］。

■モバイル決済

非接触型のICカードと同じ仕組みのIC チップが内蔵されたスマートフォンでは、電子マネーを登録して利用することができます［補足*13］。また、QRコードやバーコードを使用するコード決済も広がってきています。コード決済では、アプリに紐づけしたクレジットカードなどからアカウントに金額をチャージしておき、店舗が提示するコードをスマートフォンで読み取る、あるいはスマートフォンにコードを表示して店舗でスキャンする方法で支払います。d払い、PayPay、楽天ペイ、LINE Payなどさまざまなサービスが生まれています。

補足*11

非接触型のICカードの技術方式にはいくつか種類があり、日本ではソニーが開発したFeliCa が普及している。Felica の利用例として「おサイフケータイ」などがある。

補足*12

ICカード型電子マネーの一種にSuicaに代表される交通系ICカードといわれるものがある。電車やバスの運賃支払にも利用できる。

補足*13

iPhone にはApple Payに対応したApple Wallet、Android OS のスマートフォンにはGoogle Payという決済用のアプリが用意されていて、Suica やiD、QUICPayなどを登録できる。

2 インターネットの可能性

インターネットなどの発達により、デジタルトランスフォーメーションといわれる変革が進んでいます。ここでは、社会や経済活動の変革を推し進める原動力となる新しい技術やサービスについて学習します。

1 デジタルトランスフォーメーション

インターネットを中心としたICT（Information and Communications Technology：情報通信技術）の浸透により、社会や経済活動の多くがICTの活用を前提とした仕組みへと変わりつつあります。デジタルディスラプタ［用語*1］と呼ばれる新興企業は、ICTを活用した新しいサービスやビジネスモデル［用語*2］を生み出し、市場や産業構造を大きく変えました。ビッグデータ、AI、IoTなどの実用化が進み、これらの技術を活用することで多くの企業が市場で優位に立とうとしています。

このように、市場における競争上の優位性を確立するために、ICTを積極的に活用し、既存の商品やサービス、ビジネスモデル、そして企業文化までを変革していこうとする動きは、デジタルトランスフォーメーション(Digital Transformation、略してDX)［用語*3］と呼ばれています(図表1.2.5)。

図表1.2.5　DXを推進するICTの活用イメージ

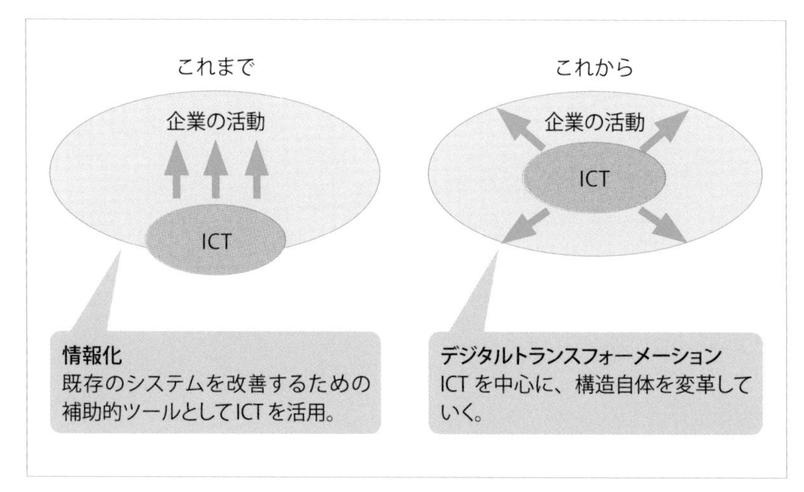

用語*1

デジタルディスラプタ
(digital disruptor)
配車サービスのUberや民泊サービスのAirBNBの成功は、それまでのタクシーやホテル業界のビジネスに大きな影響を与えた。このように、ICTを活用して既存の産業構造を根本から変えるような新しい商品やサービスを生み出す企業のことを、「創造的破壊者」という意味でデジタルディスラプタと表現している。

用語*2

ビジネスモデル
事業で収益を上げるための仕組みのこと。

用語*3

デジタルトランスフォーメーション
「ICTの浸透が人々の生活をあらゆる面でより良い方向に変化させる」こと。2004年にスウェーデンのエリック・ストルターマン教授が提唱した概念。「デジタル変革」とも呼ばれる。2018年に経済産業省は、DXを推進するために「DX推進ガイドライン」を設定した。

2 フィンテック

フィンテック（FinTech）は、Finance（金融）をTechnology（テクノロジー）と組み合わせた造語です［補足*4］。金融サービスにインターネットやその他の技術を結び付けることで生まれている革新的なサービスや動きのことを指します。

フィンテックの例には、スマートフォンを使った決済や送金サービス、お金の出入りをアプリで一元管理する家計簿アプリ（図表1.2.6）、個人に適した資産運用方法をAIが助言するロボアドバイザー、資金の貸し手と借り手を直接結び付けるクラウドファンディング、ブロックチェーン技術を基盤に実現している仮想通貨などがあります。これらのサービスの多くは、ICTに強みを持つ、新しく業界に参入したベンチャー企業によって展開されています。

補足*4

フィンテックという言葉は、アメリカで2000年代前半から使われ始めた。情報通信ネットワークやインターネットの利用で始まったATMやオンラインバンキングは、フィンテックの先駆けであるといえる。

図表1.2.6　家計簿アプリ（マネーフォワード ME）

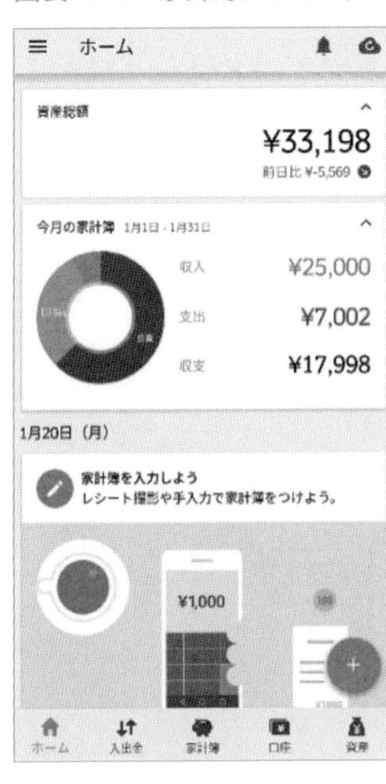

- 銀行口座やクレジットカードなどの連携、レシート撮影による入力機能などにより、自動的に収支を管理する。

3 ブロックチェーン

ブロックチェーンは、同じデータをネットワークでつながった多数のコンピュータが管理することで、改ざんを防ぐ仕組みです（図表1.2.7）。各取引履歴は、順番にブロックに格納され、各ブロックが直前のブロックとつながり、データを相互に承認します。次々と変化する多数のデータを一方的に改ざんするのは困難であり、万一、データの一部が改ざんされると、つながったほかのデータに不整合が生じ、改ざんされたことが発覚するので、データの信ぴょう性は確保できるという考え方です。

ブロックチェーンを基盤技術としているのが、ビットコインに代表される仮想通貨（暗号資産）です。仮想通貨は、国家が価値を保証する法定通貨と異なり、ブロックチェーンによって貨幣としての信頼性を確保します。仮想通貨は、ユーザ同士が承認することで取引が成立し、法定通貨との交換や決済に利用することもできます。

ブロックチェーンの特徴を仮想通貨以外にも活かそうという試みが行われています。商品売買や不動産取引契約の自動実行、食品やブランド品などの製品情報のトレーサビリティ［補足*5］の確保、著作権の管理など、さまざまな分野への応用が期待されています。

補足*5

トレーサビリティについては、「1-2-1 情報通信ネットワークの活用」を参照。

図表1.2.7　ブロックチェーンのイメージ

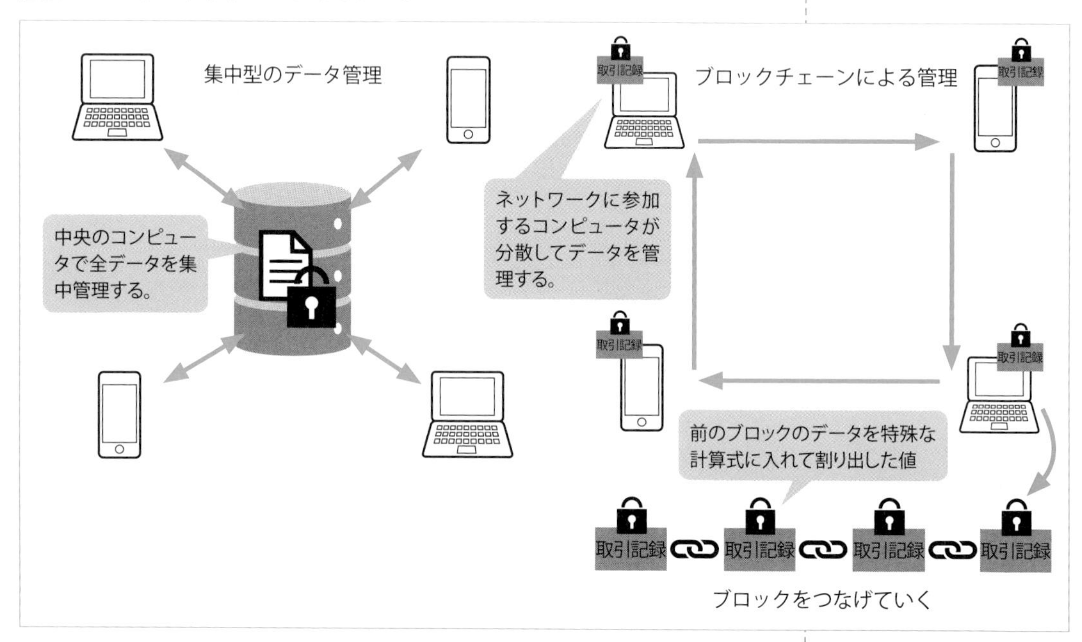

補足*6

「物（モノ）のインターネット」または「モノを介したインターネットサービス」という意味。インターネットにつながるモノをIoTデバイスともいう。

4 IoT

IoT（Internet of Things）［補足*6］は、さまざまなモノをインターネットなどのネットワークに接続することで、生活や事業活動に役立てようとする仕組みです。家電やネットワークカメラ［用語*7］、ウェアラブルデバイス、スマートスピーカなどにIoTを活用しています（図表1.2.8）。工場などで稼働する機器にもIoTをとり入れ、収集したデータを分析して生産性を向上させるなど、多様な事業活動にもIoTは利用されています。

用語*7

ネットワークカメラ
有線や無線のネットワーク接続機能を持つビデオカメラ。ライブ映像をインターネット経由で見ることができる。監視や防犯などに利用される。

図表1.2.8　身近なIoTの活用例

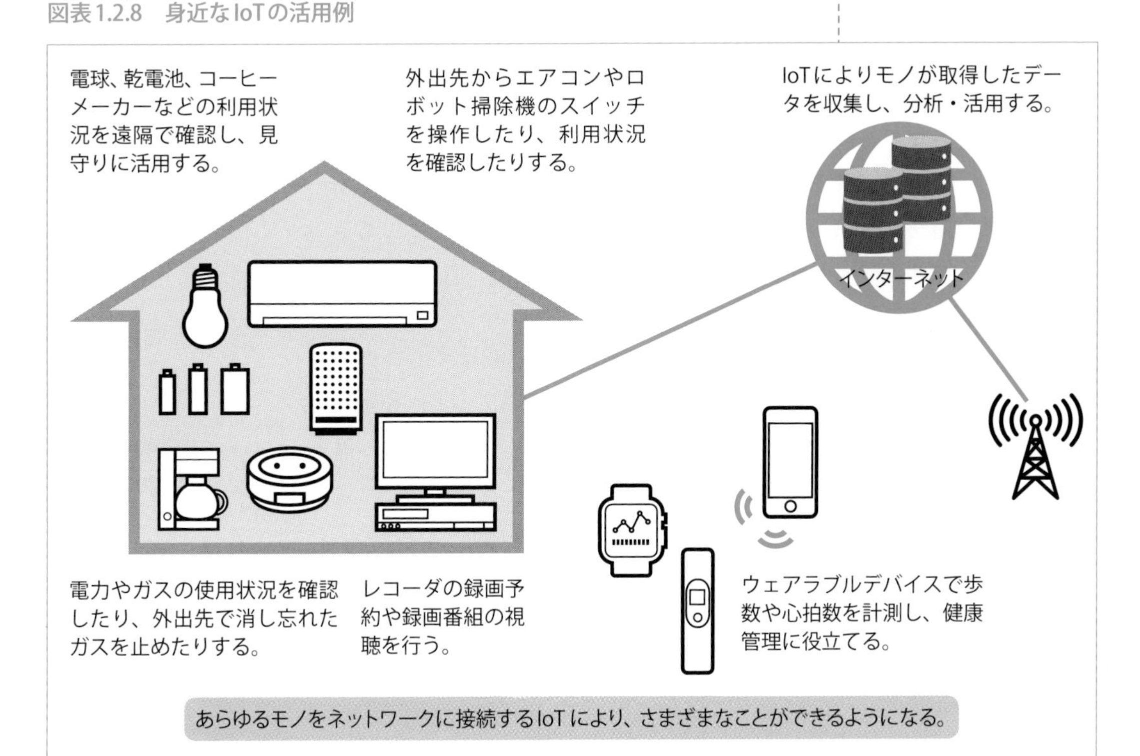

■センサ

IoTでは、各種のセンサがデータを取得します。たとえば介護施設では、介護対象者の動きをセンサが感知して見守りの支援を行っています。センサの種類には、温度センサ、湿度センサ、加速度センサ、圧力センサ、明るさセンサ、ジャイロセンサ、GPSなどさまざまです。スマートフォンにも多くのセンサが搭載されています。

■ビッグデータ

ビッグデータは、スマートフォンやインターネットなどを通じて、世界中に蓄積されている莫大なデータです。コンピュータの処理能力の向上、データへのアクセス速度の高速化、AI（人工知能）技術の進展などによって、膨大な量のデータを有効に活用できるようになりました［補足*8］。IoTの発展・普及が進むと、さらに多くのデータが自動的に収集されるようになります［補足*9］。

補足*8

従来、データは一定の方針に沿ってきちんと整理された情報、すなわちデータベースが情報システムの対象として、利用・分析されていた。無秩序で膨大なデータは従来の情報システムでは取り扱うことができず、捨てられていた。

補足*9

たとえば、走行中の自動車から車両の位置や速度などの情報を収集・蓄積することにより、小規模な道路も含めた詳細な交通状況をリアルタイムに把握することができる。渋滞を考慮したルートの作成や貨物の追跡、災害時の支援活動などに活用されている。

5 AI

AI（人工知能）は、人間の知能活動をコンピュータに行わせようという研究分野またはそうしたコンピュータのことです。AIの研究自体は、1950年代に始まり、研究が盛んになる時期（AIブーム）と研究熱が冷める時期（AI冬の時代）を繰り返し、現在は第3次AIブームにあるといわれています。チェスや将棋、囲碁のプロにAIが勝利したというニュースは話題になりました。

現在のAIのベースは、大量の学習用データとそれに対応する答えから、特徴（ルールやパターン）を発見・獲得することを、人手に頼らずに行う機械学習という手法です。さらに、機械学習に人間の脳神経の構造を模したニューラルネットワークを用いる深層学習（ディープラーニング）という手法を利用することにより、音声認識や画像認識などの応用分野で、それまでの手法では出せなかったような優れた結果を出すことができるようになりました［補足*10］。

補足*10

機械学習の精度を高めるためには大量のデータの存在と大容量で高速の計算が可能なコンピュータが必要だったが、ビッグデータの利用とコンピュータ処理能力の向上などAIを活用する環境が整い、実用化が進むようになった。

■AIができること

AIはさまざまな分野で活用されています。画像に何が写っているか判断する画像認識、音声からテキストを生成する音声認識、私たち人間が普段使っている言語（自然言語という）をコンピュータで処理する自然言語処理などの実用化が進み、開発が進んでいます（図表1.2.9）。AIにより翻訳の精度は飛躍的に向上しています［補足*11］。開発が進んで

補足*11

無料サービスのGoogle翻訳、法人向けの翻訳ツールであるCOTOHA Translator、翻訳機のポケトークなどさまざまなサービスや商品が実用化されている。

図表1.2.9　AIによる画像認識（Googleレンズ）

- Googleレンズは、AIによる画像認識を利用したアプリ。画像に写っている物体や画像内のテキストの認識により検索などを行う。なお、iOS端末の場合はGoogleアプリまたはGoogleフォトから利用することができる。

いる自動運転車もAIの技術を活用します。また、ロボット技術やICTを応用して新たな農業を実現するスマート農業では、AIの画像認識を利用して作物の生育状況や健康状態を見極めています。

6 VR/AR

VR（Virtual Reality：仮想現実）とは、コンピュータが実際には存在しない仮想世界を作り出し、人間にそこに入り込んだかのような感覚を抱かせる技術です。現実世界から隔離し、仮想世界に没入するために、ヘッドマウントディスプレイなどを装着します。ゲームやスポーツ観戦などさまざまな分野で実用化されています（図表1.2.10）。

VRが現実ではない仮想世界を見せるのに対し、AR（Augmented Reality：拡張現実）とは、現実世界にコンピュータで作ったものを組み合わせて拡張する技術です。Pokémon GOのような位置情報ゲーム、家具などの配置を実際の部屋でシミュレーションできるカタログアプリなどはARを利用しています。ARを使ったHADO（ハドー）は、頭にヘッドマウントディスプレイ、腕にアームセンサを装着し、ARで作り出した技を繰り出して相手と競い合う新感覚のスポーツです。

図表1.2.10　ヘッドマウントディスプレイを使用したVR体験

PlayStation VR

- 「PlayStation VR」では、専用のヘッドマウントディスプレイなどを使用してゲームの世界に入り込んで遊んでいるような感覚を味わうことができる。
- スポーツ観戦では、試合をライブ観戦しているような体験ができる。

7 ロボティクス

ロボットに関する技術を研究するロボット工学のことをロボティクスといいます。AI、センサを活用するIoTなどをロボットに組み合わせて活用する研究や開発が進んでおり、さまざまな産業用ロボットやサービス用ロボットが実用化されています。たとえば、オフィスやホテルでの受付を行うロボット、駅構内で案内を行うロボット、介護施設での介護のサポートを行うロボットなどが実際に利用されています。空を飛ぶドローンにAIを搭載すると自律飛行が可能になり、災害時の支援や農地の確認などに役立てることができます。

第2章

インターネットの利用を支える技術

この章では、インターネットを利用するために必要なパソコンやスマートフォンなどのコンピュータの仕組みについて学びます。また、コンピュータを動かすソフトウェアに関する知識やプログラミングの基本についても学びます。

1 代表的な情報機器

インターネットに接続する情報機器の代表として、パソコン、スマートフォン、タブレットがあげられます。ここでは、これらの情報機器の特徴と、そのほかのインターネット接続機器について学習します。

1 コンピュータ

■コンピュータの働き

コンピュータは、ソフトウェア［用語*1］を入れ替えることでさまざまな処理に対応できる機器です。

パソコンは、パーソナルコンピュータ（Personal Computer：PC）の略で、もともとは個人用のコンピュータという意味でした。また、スマートフォンは、「携帯電話」がパソコンの機能をあわせ持ったものといわれます。どちらもコンピュータといって差し支えなく、共通してできることも多くあります。

コンピュータは、情報を取り入れて（入力）、プログラム［用語*2］によって処理し（演算）、結果を出します（出力）。プログラムや入力された情報、出力する情報は、消えないよう記録（記憶）します。またこうした

用語*1
ソフトウェア
コンピュータを動かす手順を指示するプログラム。OSやアプリケーションはソフトウェアである。

用語*2
プログラム
コンピュータへの指示を記述したもの。

図表2.1.1　コンピュータの機能

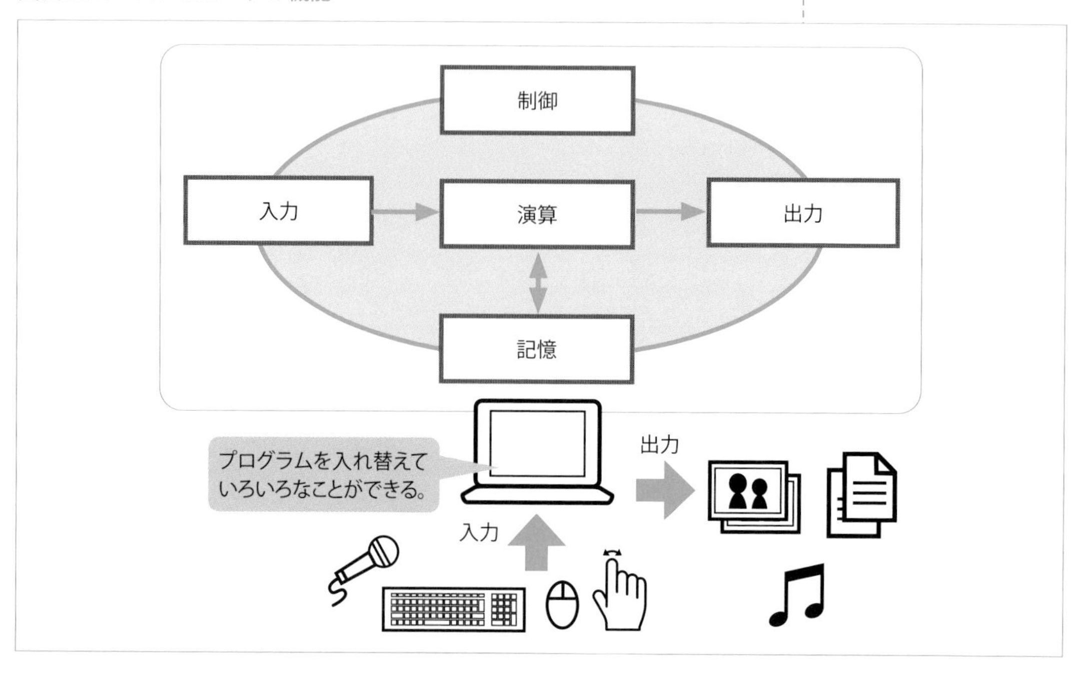

入力、演算、記憶、出力のコントロール（制御）を行います（図表2.1.1）。

■コンピュータ本体の構成

コンピュータへの入力にはキーボードやマウスなど、出力にはディスプレイやプリンタなどの周辺機器が用いられます。演算と制御にはコンピュータ自身のCPU、記憶にはメモリ（足りない場合はSDD、ハードディスクも）が用いられます（図表2.1.2）。

CPU（Central Processing Unit：中央演算処理装置）は、コンピュータの中枢となる装置です。入力機器やハードディスクなどの記憶装置から必要な情報がメモリに呼び出され、CPUで演算処理されます。処理結果はディスプレイに表示され、最終的にSSDやハードディスクなどの記憶装置に保存されます。

メモリは一時的に保存した情報を、CPUと直接かつ高速にやり取りします。SSDやハードディスクなどの記憶装置には、プログラムや処理対象のデータを保存します。

図表2.1.2　コンピュータ本体の構成（パソコンの例）

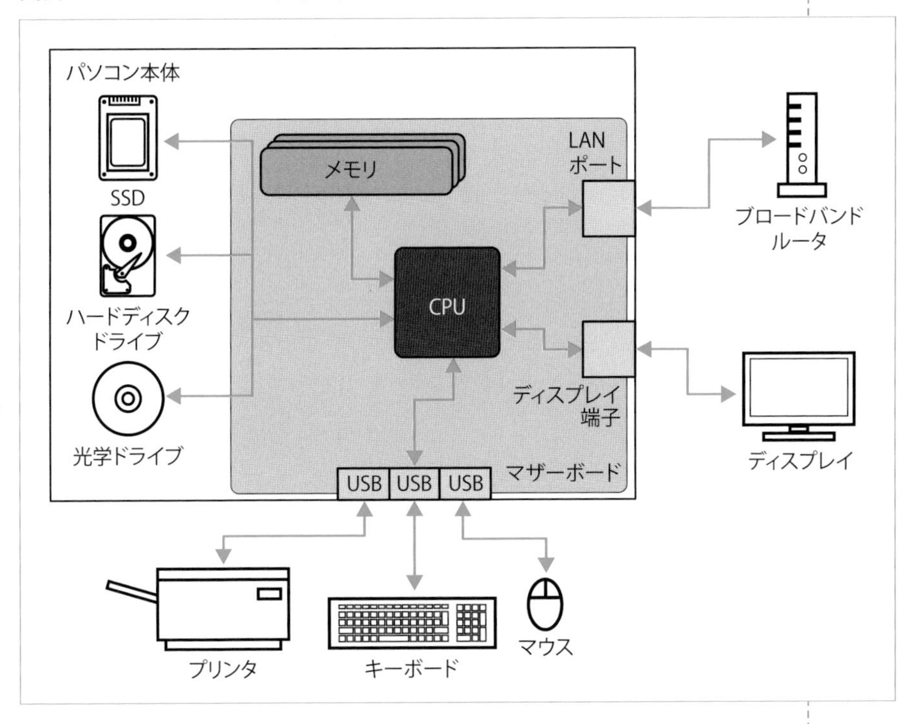

2 スマートフォンとパソコン

■スマートフォン

スマートフォンは、手のひらで持ち運んで利用できる(携帯性が高い)、画面をタッチすることで手軽に操作できる、処理性能が高く高画質の動画を再生できるといった特長を持ちます。携帯電話機として通話する機能に加えて、次のような用途に利用できます(図表2.1.3)。

図表2.1.3　スマートフォンの代表的な機能

通話
携帯できる電話として通話する機能。留守番電話、ドライブモード、機内モードなどの機能もある。

インターネット接続
移動体通信事業者(携帯電話会社など)の回線、あるいは無線LAN(Wi-Fi)などを経由して接続する。

コンテンツ再生
画像、動画、音楽などを表示、再生する。

アプリケーションソフトの追加
アプリ[用語*3]をダウンロード、インストールして利用する。アプリは、App StoreやGoogle Playストアからダウンロードする。

カメラ
レンズを備えデジタルカメラとして撮影ができる。

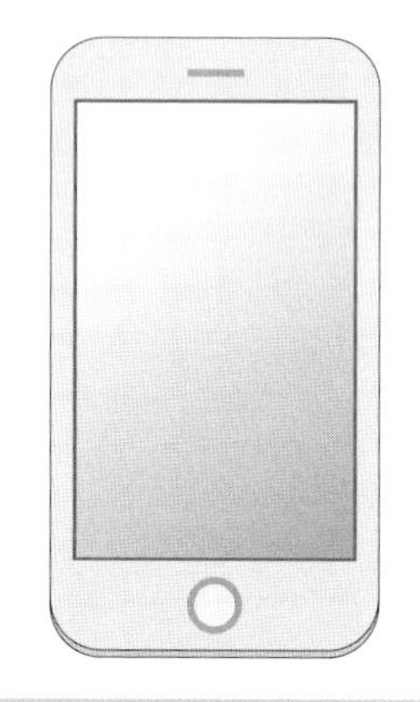

録音
音声を録音する。メモ代わりの音声記録としても活用される。

二次元コード読み取り
二次元コード[補足*4]を読み取って、情報を入力する。

おサイフケータイ
金銭をチャージして買い物などの支払に充てる。

位置情報取得
GPS[補足*5]機能により、位置情報を得ることができる。交通案内、最寄りのショップ検索、天気予報などのアプリと連携する。

テザリング
スマートフォンをアクセスポイントとして機能させてパソコンなどをインターネットに接続する。

※ 機種により備える機能は異なる。

■パソコン

パソコンは、キーボードからの入力、マルチウィンドウやマルチスクリーンなどでの利用が可能で、高性能CPUと大容量メモリによる複雑な計算処理を行うことができます。汎用性と拡張性の高さから、ソフトウェアや周辺機器と連携して、さまざまな用途に活用することができます(図表2.1.4)。

用語*3

アプリ
アプリケーションの略で、OS上で動くプログラムのこと。

補足*4

二次元コードについては、「1-1-1 生活の中のインターネット」を参照。

補足*5

GPSについては、「1-1-3 インターネットを使って利用できるサービス」を参照。

図表2.1.4　パソコンの代表的な機能

インターネット接続
無線LAN（Wi-Fi）、LANケーブルなどを経由して接続する。

コンテンツ再生
文書、画像、音楽、映像、Webページなどを大きい画面上に表示、再生する。

プログラム開発
アプリケーションソフトなどを開発する。

印刷
プリンタを接続して文書、写真を印刷する。

文書作成
Microsoft Wordなどのワープロソフトを使って文書を作成する。

表作成
Microsoft Excelなどの表計算ソフトを使って表を作成し、データを整理、計算、分析する。

イラスト作成、写真加工
グラフィックソフトでイラストを作成したり、写真を加工したりする。

音楽作成
DTMソフト［用語*6］を使って作曲・演奏する。

ビデオ編集
Webカメラやデジタルカメラで撮影したビデオデータを加工・編集する。

3 その他のインターネット接続機器

■タブレット

「タブレット型情報機器」は、一般にタブレットと呼ばれます。液晶表示画面とタッチして入力するタッチパッドの機能を併せ持つタッチパネルにコンピュータの機能を加えた情報機器です。操作の多くが、画面のタッチで行えます。通信回線に接続する機能を持たない機種もあります。また、スマートフォンよりも大きな画面を持つのが特徴です。

アップル社のiPad、iPad miniはiPadOSを、その他の機種の多くはAndroid OSを採用しています。

■スマートスピーカ

AI技術を利用し、音声で操作できるスピーカです（図表2.1.5）。スマートスピーカでは、AIアシスタント［用語*7］というソフトウェアが、利用者の要望や質問に対応し、音声による回答や、連携する家電などの操作を行います。たとえば「今日の天気は？」と問いかけるとインターネットからふさわしい情報を取得して返答します。照明やAV機器の操作なども行うことができます。

代表的なスマートスピーカには、Amazon社のAmazon Echo、グーグル社のGoogle Homeなどがあります。

用語*6

DTMソフト
デスクトップミュージック（パソコンで作曲して演奏すること、和製英語）のためのソフトウェア。

用語*7

AIアシスタント
AI技術を使い、対話形式で動作するソフトウェア。音声認識機能や自然言語処理機能を持つ。iOSやmacOS上で動くSiri、Android上で動くGoogleアシスタント、iOSやAndroidにも対応しているAmazonのAlexaなどがある。サービス事業者のサーバとやり取りをするため、インターネットに接続していないと利用できない。

図表2.1.5　スマートスピーカ（Amazon Echo）

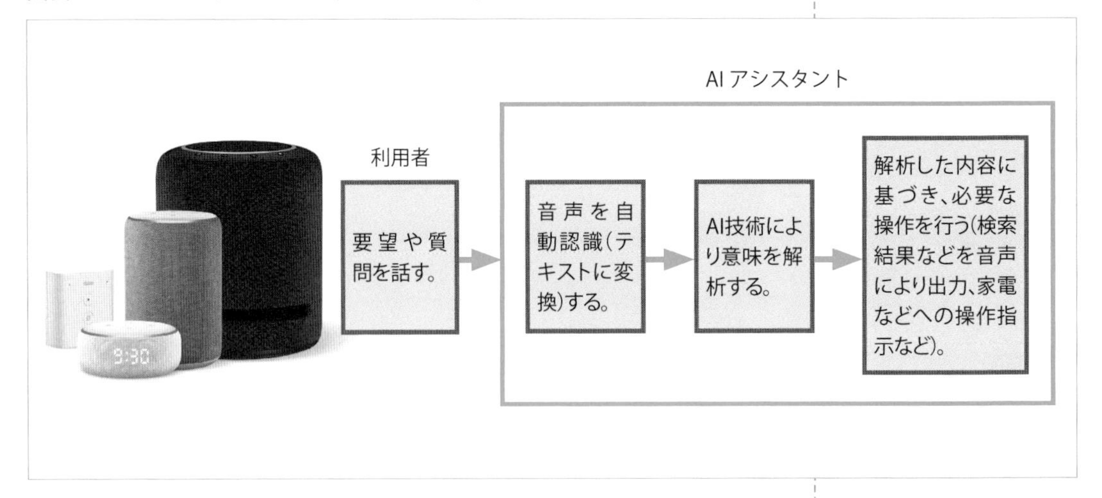

■ウェアラブルデバイス

ウェアラブルデバイスは、身体に装着して利用することが想定された機器です。Wi-Fiなどの通信機能を持ち、スマートフォンなどを経由してインターネットに接続します。ウェアラブルデバイスには、腕時計型、リストバンド型、メガネ型などがあります。

腕時計型やリストバンド型のウェアラブルデバイスには、搭載された各種のセンサを使って歩数や心拍数などを計測するものもあり、取得されたデータはインターネット上のサーバなどに送られ、利用者はスマートフォンの健康管理アプリなどで確認することができます。腕時計型はスマートウォッチと呼ばれ、代表的なものにアップル社の「Apple Watch」があります（図表2.1.6）［補足*8］。

補足*8

スマートフォンの代わりに通話やメッセージのやり取り、アプリの通知、モバイル決済、音楽プレーヤ、活動量計としての利用など多彩な機能を利用できる。

図表2.1.6　ウェアラブルデバイス（Apple Watch）

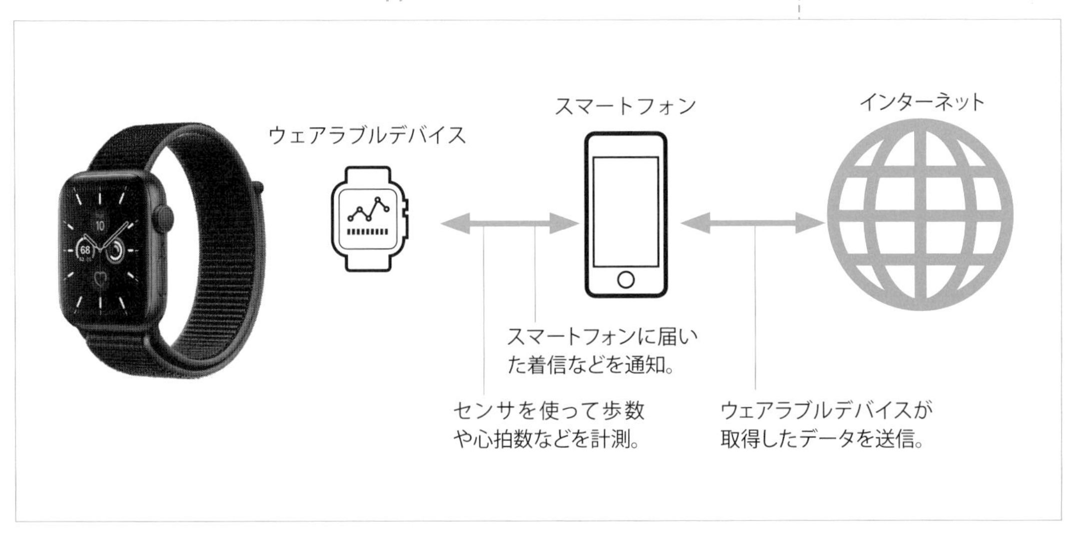

■その他の機器

パソコンやスマートフォン以外にも、ゲーム機や家電製品など、インターネットに接続して使われる機器は身近に多数存在します。また、インターネットにつながるモノが増えてIoT［補足*9］の普及が進んでいますが、多くの場合、これらのモノはパソコンやスマートフォンほどの処理能力や拡張性を持ちません。

補足*9
IoT（Internet of Things）は、「物（モノ）のインターネット」の意味。「1-2-2 インターネットの可能性」を参照。

4 情報機器選定のポイント

情報機器はさまざまな要素で構成されています。実際に購入する際は、何を基準に機種を選べばよいか、選定のポイントを学習します。

スマートフォン、タブレット、パソコンは、多くの種類が発売され、価格もさまざまです。買い替えや新規購入の際は、その情報機器で何をしたいのか、必要な機能や性能は何か、予算はいくらかなどを考慮する必要があります。

機器の持つ機能や性能などの仕様のことをスペックともいいます（図表2.1.7）。おもなスペック項目を以下に解説します。

図表2.1.7　情報機器比較のためのスペック項目

■CPU

CPUは、計算処理や各機器の制御の中枢となるものです。パソコンではインテル社のCore iシリーズやAMD社のFXシリーズなどが利用されています。OSがAndroidのスマートフォンやタブレットではクアルコム社のSnapDragonシリーズなどが、OSがiOSあるいはiPadOSである場合はアップル社独自のCPUが採用されています。

同じシリーズのCPUでも、処理中枢であるコアの数や動作周波数、消費電力などの異なるものがあります。同じ種類のCPUならば、コア数が多いもの、動作周波数が高いものほど高性能です［補足*10］。

補足*10

パソコンなどの情報機器では、CPU、メモリの容量や速度、HDDの速度、ビデオカードの性能、接続インターフェースなどで総合的な性能は決まる。ビデオカードはグラフィックボードともいい、ゲームなどの映像表示に特化したGPUとメモリを搭載したパーツ。

■メモリ

メモリは、データを一時的に記憶する装置です。搭載したメモリ容量が多いほど、快適に動作します。パソコンでは後からメモリを増設できる機種がありますが、スマートフォンやタブレットでは、一般にメモリの増設はできません。

■記憶装置

記憶装置（ストレージ）はデータを長期に保存しておくための装置です。大容量のもののほうがより多くのデータを保存しておくことができます。スマートフォンやタブレットでは記憶装置の容量によって価格が大きく異なります。microSDカードなどを併用する、クラウドサービス［補足*11］を利用することも考えながら価格とのバランスが納得できるものを選びましょう。

補足*11

クラウドサービスについては、「3-4-1 クラウドサービスとは」を参照。

パソコンの記憶装置には、HDD（Hard Disk Drive：ハードディスクドライブ）とSSD（Solid State Drive：ソリッドステートドライブ）があり、以前はHDDが主流でしたが、HDDと比較して衝撃に強い、起動時間が短いなどのメリットのあるSSDが搭載されたPCも増えています。一方で、SSD採用モデルには、保存できるデータ容量が少ない、価格が高いといったデメリットもあります。

■画面サイズと解像度

スマートフォンの画面は大きいほど見やすくなりますが、片手で操作しづらくなるといったデメリットもあります。また、解像度が高いと画像や映像を鮮明に表示できます［補足*12］。

補足*12

画面サイズや解像度については、「2-1-3 パソコンに接続して利用する機器」を参照。

■光学ドライブ

光学ドライブがあれば、音楽CDやDVD、ブルーレイビデオの再生、光学メディアへのデータの保存を行うことができます。これらの用途の必要性を考慮して、光学ドライブの有無、対応ディスクを選びます。

■インターフェース

目的に応じてさまざまなインターフェースを使い分けます。たとえば、外部機器へ接続するために使用する、USB Type-CなどUSB規格に対応したポート、外部ディスプレイへ接続するためのHDMIポート、Wi-FiやBluetoothなど無線通信、有線LANへ接続するLANポート（RJ-45）などがあります。また、キーボードやトラックパッドなどは人とのインターフェースで、使いやすさに大きく影響します［補足*13］。

補足*13

インターフェースについては、「2-1-2 インターフェース」を参照。

■電池容量

機器の機能や性能が高いほど消費電力は多くなります。スマートフォンやタブレットのサイズの限界から、電池（バッテリ）容量も限られます。

2-1 パソコンの仕組みと接続デバイス

2 インターフェース

インターフェースとは、ハードウェア、ソフトウェア、ユーザといった要素が互いに情報をやり取りするための接続部分のことです。ここでは、ハードウェア同士を接続するインターフェースについて学習します。

1 インターフェースとは

異なる要素の界面、あるいは接続部分のことをインターフェースといいます［補足*1］。情報機器を接続する際の器具、また接続した機器間でやり取りする電気信号の決まりごとを含めて全体がインターフェースです。

機器と機器の間のインターフェースをハードウェアインターフェースといいます。ハードウェアインターフェースにはいろいろな規格が策定されていて、製品メーカーは規格に合った製品を提供して、相互接続性を高めています。

パソコンなどを利用する際の人と機械の接点をユーザインターフェースといいます。画面に表示されるウィンドウ、ウィンドウに表示されるメニュー、バー、ボタンなどと、それらをキーボード、マウス、タッチパッドなどの機器で操作する方法がユーザインターフェースです。

接続の観点から見ると、インターフェースは有線と無線に分類できます。

補足*1
インターフェースは、ハードウェアインターフェース、ソフトウェアインターフェース、ユーザインターフェースに分類できる。

2 有線のインターフェース

周辺機器をケーブルでつなぐためのハードウェアインターフェースには、USB（Universal Serial Bus）やHDMIなどがあります［補足*2］。

■USB

パソコンなどに、キーボード、マウス、プリンタ、スキャナ、スピーカ、外付け記憶装置などを接続するためのインターフェース規格です［補足*3］。電源を切らずに機器の接続、取り外しができるホットスワップに対応しています。USB3.0、USB2.0など複数の規格があり、通信速度は異なりますが互換性は確保されています。コネクタの形状には複数の種類があり（図表2.1.8）、スマートフォンなど小型機器にはおもに

補足*2
パソコンなどには、アナログ音声出力端子としてステレオミニジャックが付いていることが多い。ここにヘッドフォンやスピーカをつないで音声を聴くことができる。

補足*3
アップル社の製品では、USBと同じような働きをするインターフェースとしてLightningやThunderbolt 3といった規格がおもに採用されている。Thunderbolt 3のコネクタの形状はUSB Type-Cである。

Type-Cと呼ばれるコネクタが利用されています。

図表2.1.8　USBコネクタ

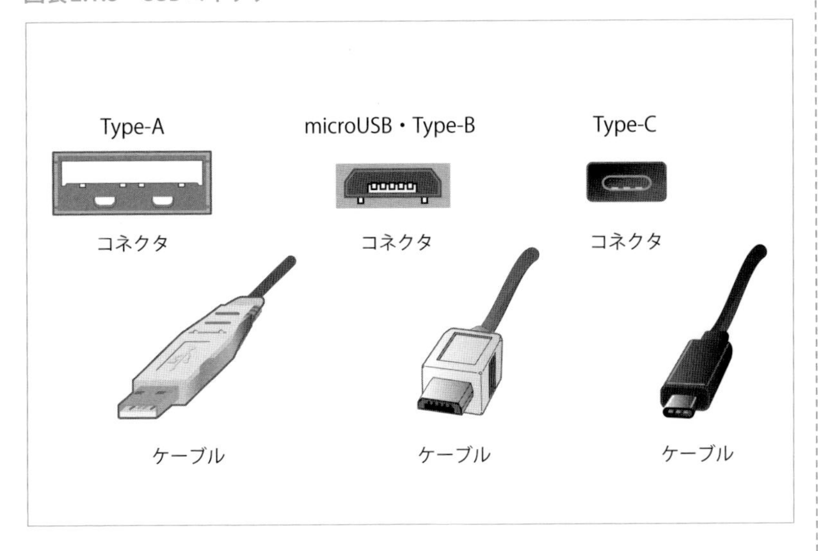

■HDMI

HDMIは、パソコンのディスプレイ接続、テレビ、ゲーム機などの接続に使われる映像・音声伝送用のインターフェース規格です（図表2.1.9）。コネクタには、標準タイプのほか、小型機器用のミニHDMI端子、マイクロHDMI端子などがあります。

図表2.1.9　HDMIコネクタ

■LANケーブル

有線で構成するネットワークで、機器同士を接続するインターフェースとしてLANケーブルが使用されます。LANケーブルを接続するためのコネクタはRJ-45（図表2.1.10）という規格で、やり取りする信号はイーサネットの規格を使用します。

図表2.1.10　RJ-45コネクタ

3 無線のインターフェース

周辺機器を、ケーブルを使わずに接続する無線インターフェースとしてRFIDやBluetoothなどが利用されます。

■RFID

RFIDは、ICタグと読み取り装置とが非接触の無線通信で情報をやり取りし、読み出し、書き込みを行う仕組みのことです（図表2.1.11）。ICタグを商品に取り付けると、レジにおける精算、在庫の管理を手早く行うことができます。

FeliCa［補足*4］を使ったSuicaなどの非接触型ICカードはRFIDの実用例の1つです。

図表2.1.11　RFIDの仕組み

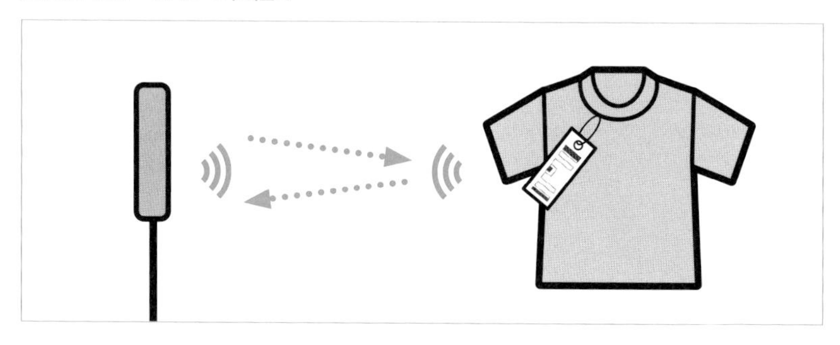

■Bluetooth

Bluetooth（ブルートゥース）は、元来、数メートルから数十メートル程度の近距離にある機器同士を無線で接続するための規格です［補足*5］。情報機器同士、キーボード、マウス、イヤフォン、スピーカなどの接続やテザリングのために利用されます。スマートフォンやタブレットではいろいろな接続インターフェースを備えないことも多く、Bluetoothが利

補足*4

FeliCaについては、「1-2-1 情報通信ネットワークの活用」を参照。

補足*5

Bluetooth 5.0では、低消費電力のLE（Low Energy）モードの125kbpsでの到達距離が400mと伸びた。

▼Bluetoothのロゴマーク

用されます。

■ Wi-Fi

ネットワークに無線で接続するには無線LAN（Wi-Fi）を使用します。Wi-Fi に対応するスマートフォンやパソコンには無線LANアダプタが内蔵されています。このときの無線インターフェースには、IEEE802.11シリーズ［補足*6］を使用します。

補足*6
IEEE 802.11 シリーズについては、「3-2-1 インターネットへの接続環境」を参照。

4 パソコンとスマートフォンの接続

パソコンとスマートフォンなどを連携させると、より便利に使用できます。連携には、一方に保存してあるデータを他方に送る「転送」と、両者のデータを同じに保つ「同期」などの方法があります。音楽、映画、写真、ビデオなどのコンテンツや、連絡先、カレンダー、SMSのテキストメッセージなどのデータが転送や同期の対象となります。

転送は、どちらかで保存しているデータを他方へ送ることです。

同期は、両者に保存するデータを同じに保つことです。つまり、一方に変更が加えられたら、他方も変更されるということです。

転送や同期を行うには、両者の機器を有線または無線（Wi-FiやBluetooth）で直接接続してデータを送る方法、インターネット経由で送る方法、クラウドを利用する方法があります（図表2.1.12）［補足*7］。

補足*7
転送や同期を行うには、iTunes、Finder（macOS）、スマホ同期（Windows 10）、AirDrop（アップル社製機器間）などを利用する。

図表2.1.12　パソコンとスマートフォン間の転送、同期

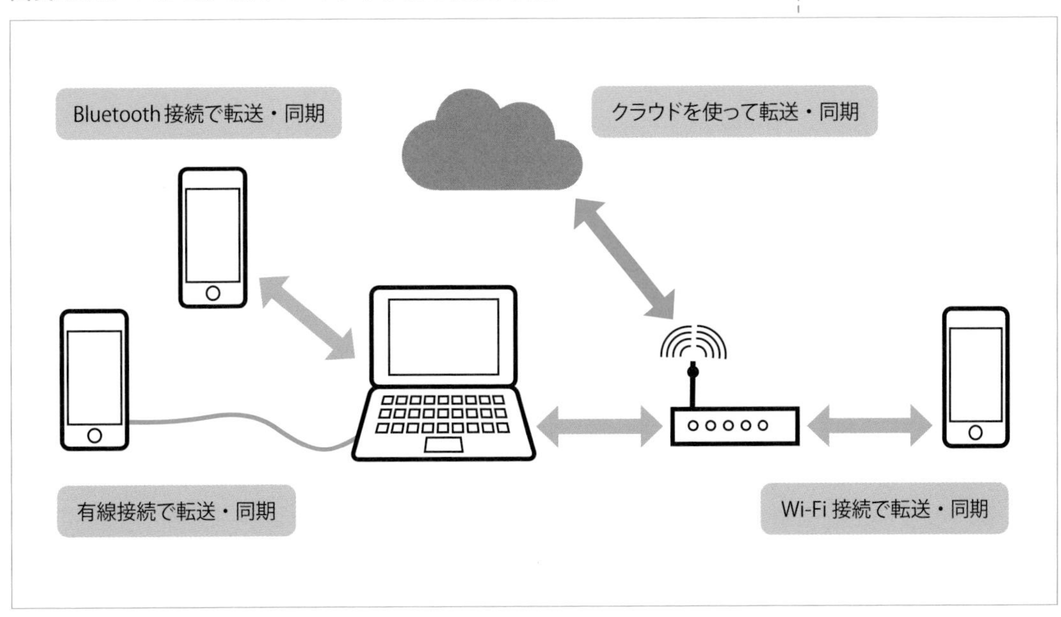

2-1 パソコンの仕組みと接続デバイス

3 パソコンに接続して利用する機器

パソコンで処理する情報を取り入れる入力機器、処理結果を出すための出力機器には、パソコンに備えられているものを使用するか、外部に接続したものを使用します。

1 入力機器

ノートパソコンではディスプレイやキーボードなどの機器が一体化されています。一般に、デスクトップ型パソコンではそれらの機器を本体に接続して使用します。

■マウス

画面上のポインタを移動・操作するための機器をポインティングデバイスといいます。マウスやタッチパッドはその一種で、おもにパソコンで利用される入力機器です。

マウスを動かすと移動方向や移動距離のデータがパソコンに入力され、パソコンの画面上のマウスポインタ（画面に表示される矢印）が移動します。また、画面上のボタンを押したり、メニューを選択したりといった操作ができます。

■タッチパネル、タッチパッド

タッチパッドは、表面を指で触れたり、なぞったりすることでマウスと同様の操作ができる入力機器です。マウスよりも感覚的に操作でき、また片手でも操作できるのが特徴です。

タッチパネルは、ディスプレイとタッチパッドの機能を兼ね備えたデバイスで、タッチスクリーンともいいます。スマートフォンやタブレットの基本的な入出力のインターフェースです。

■キーボード

キーボードは、文字入力を行う機器です。キーには文字や数字が表示されていて、キーを押すとその文字や数字がパソコンに入力されます。キーの配列は、JIS規格で定められたJIS配列にいくつかのキーを追加した「日本語109キーボード」と呼ばれるタイプが広く使われています（図表2.1.13）［補足*1］。文字キー以外のキーではパソコンの操作を行います。

補足*1

英語キーボードには半角/全角キーがない。また、OSの設定により同じキーでも異なる文字が入力されることがある。

図表2.1.13　キーボード

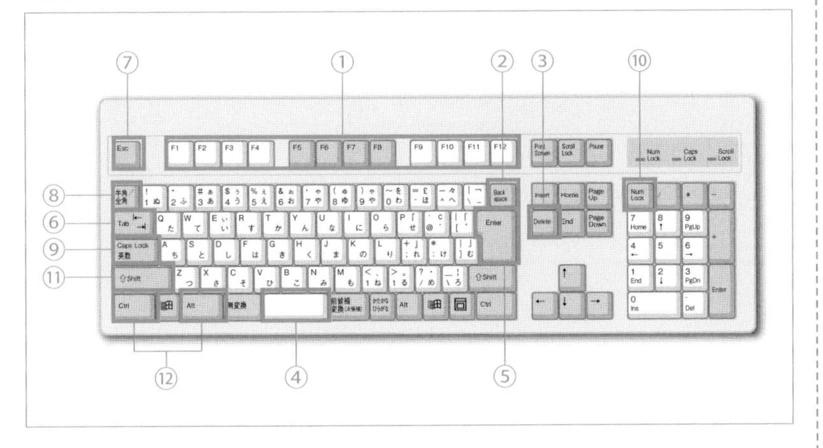

番号	名称	機能
①	ファンクションキー	割り振られたさまざまな機能を行う。日本語入力の際、下記のキーを使うと効率的に変換できる。 F6　ひらがなに変換 F7　全角カタカナに変換 F8　半角カタカナに変換 F9　全角英数字に変換 F10　半角英数字に変換
②	Back Spaceキー	カーソルの直前(左側)の文字を削除する。
③	Deleteキー	カーソルの直後(右側)の文字を削除する。
④	Spaceキー	空白を挿入、または文字変換する。
⑤	Enterキー	改行、または変換結果を確定する。
⑥	Tabキー	タブキー。タブを入力、または項目間を移動する。
⑦	Escキー	エスケープキー。操作のキャンセルを行う。
⑧	半角/全角キー	日本語入力システムのオンとオフを切り替える。
⑨	Caps Lockキー	小文字と大文字の入力切り替えを行う。
⑩	Num Lockキー	テンキーでの数字入力のオンとオフを切り替える。
⑪	Shiftキー	シフトキー。文字キーと組み合わせて大文字や記号を入力する。
⑫	Ctrlキー Altキー	コントロールキー、オルトキー。ほかのキーと組み合わせて特別な機能を行う。Macのcommandキー、optionキーに相当する。

• ショートカットキー

よく行う操作は、キーボードの複数のキーを同時に押す操作で代替することができます。これにより、キーボードから手を放してマウスに持ち替えずに素早く操作できます。こうしたキーの組み合わせをショートカットキーといいます（図表2.1.14）。

図表2.1.14　ショートカットキー

操作	Windowsのショートカットキー	Macのショートカットキー
コピー	Ctrl + C	command + C
貼り付け（ペースト）	Ctrl + V	command + V
切り取り（カット）	Ctrl + X	command + X
保存（セーブ）	Ctrl + S	command + S
すべてを選択	Ctrl + A	command + A
やり直し	Ctrl + Z	command + Z
閉じる	Ctrl + W	command + W

■スキャナ

スキャナは、文書やイラスト、写真などを読み取り、画像データとしてパソコンに取り込む機器です。単体の製品もありますが、プリンタ機能などと組み合わせた複合機が主流です。

2 出力機器

■ディスプレイ

ディスプレイとは、パソコンなどが出力する映像信号を静止画あるいは動画として表示する機器のことで、機器の動作状態を確認する（モニタする）用途で用いられたことからモニタと呼ばれることがあります。

図表2.1.15　液晶ディスプレイ

現在は、液晶ディスプレイ（図表2.1.15）が広く用いられています。テレビやビデオプロジェクタのHDMI端子とパソコンのHDMI端子を接続して、パソコンの表示を大画面で見せるようなことも行われています［補足*2］。

ディスプレイのサイズは、対角線の長さで表し、単位はインチ（1インチは約2.54cm）です。表示画素数は、画面の「横の画素数×縦の画素数」のことで、何個の画素（点）［用語*3］が表示できるかを示し、画素数が多いほど1画面に表示できる情報量が多いということになります。表示画素数によって「フルHD」などの名前が付けられています（図表2.1.16）。

図表2.1.16　よく利用される画面モード

名称	画素数（横×縦）
FWXGA	1366×768
WXGA+	1440×900
フルHD	1920×1080
WQHD	2560×1440
4K	3840×2160
8K	7680×4320

液晶ディスプレイのスペック表には図表2.1.17のような性能が示され、選択の基準となります。

図表2.1.17　液晶ディスプレイのスペック表のその他の項目

項目	説明（評価）
視野角	斜めからでも見やすい最大の角度（ふつうは広いほうがよい）。
応答速度	画面の色の変化に要する時間（速いほど残像が少ない）。
最大輝度	画面の明るさ（大きいほど明るい）。
コントラスト比	画面の明部と暗部の明るさの比率（高いほど映像のメリハリが効く）。

補足*2

Apple TV や Fire TV Stick などのセットトップボックス（STB）を利用し、スマートフォンやパソコンの画面をテレビなどの画面に表示させることもできる。

用語*3

画素

画像を構成する最小単位。ピクセルともいう。ピクセルは色の情報を持つが、似た用語のドットは色の情報を持たない。

■スピーカ

音声を外部出力するための機器がスピーカです。アナログ音声端子(ミニプラグ)で接続するものやBluetoothで接続するものなどがあります。

■プリンタ

プリンタは、文字や画像などのデータを紙などに印刷します。インクジェット、レーザなどの印字方式があり、個人向けではインクジェット方式が主流です(図表2.1.18)[補足*4]。

補足*4

プリンタとパソコンなどを接続する方法には、USB経由やネットワーク経由がある。

図表2.1.18 プリンタの印字方式と特徴

印字方式	特徴
インクジェット	インク粒子を紙に吹き付けて印刷する。個人向けのカラープリンタで最も広く普及している。
レーザ	ドラム上にトナーと呼ばれる炭素粉で印刷する絵柄を描き、熱と圧力で紙に転写して印刷する。事務用コピー機と同じ原理。

4 デジタルデータと記憶装置、記録メディア

情報機器は、情報をデジタルデータで処理します。情報の量によりデジタルデータのサイズ（大きさ）は変わります。情報機器で処理するデジタルデータを記録しておくためにさまざまな記録メディアが利用されます。

1 デジタルデータ

■デジタルデータとは

人間が見る、聞く、話す、手で書くといった画像、映像、音声情報は、アナログデータ（analog data）です。アナログとは、時間が流れる、音や映像が流れる、描かれた線や面が途切れることなく変化しているような「連続的」な状態を意味します。簡単な例として、針が滑らかに回る時計はアナログ時計です。

これに対して、コンピュータが扱うデータは、0と1の2種類の数字で表されるデータで、これをデジタルデータ（digital data）といいます。デジタルとは、連続的な状態を数値化して連続性を絶った状態をいいます。針を持たずに、数字で時間を表示する時計はデジタル時計です（図表2.1.19）。

図表2.1.19　アナログ時計とデジタル時計

コンピュータはデジタルデータのみを処理し、アナログデータを扱うことはできません。したがって、人間世界のアナログデータは、デジタルデータに変換してからコンピュータに入力する必要があります。

この変換のことを「デジタル化」または「A/D変換」といいます。逆に、コンピュータが処理したデジタルデータを人間が目や耳で簡単に理

解できるようにするために、処理結果をアナログデータに変換することを「アナログ化」または「D/A変換」といいます。

■画像や音声のデジタルデータ

デジタルカメラで写真撮影する際、レンズに入ってくる風景など被写体の映像は、隣接する部分の色や形が連続的に変化するアナログな光で構成されます。この映像をデジタル化するには、映像をマス目状の画素に区切り、各画素の色を赤・緑・青の3色［補足*1］に分解し、それぞれの明るさを数値で表します（図表2.1.20上）。同じ大きさの画像でも、画素数が多く、明るさの段階が多いほど、高精細な画像となり、その分データの量は増えます。

音声をデジタル化するには、音をごく短い時間ごとに区間に分け、それぞれの区間の音圧を数値にします［補足*2］（図表2.1.20下）。区間の時間を短くして区間数を増やしたり、音圧の数値化の段階を細かくしたりすると、高音質になり、その分データの量は増えます。

補足*1

ディスプレイで表示される光の3原色である赤（Red）、緑（Green）、青（Blue）の頭文字をとってRGBと呼ぶ。

補足*2

音を短い時間に分割してデータ化することをサンプリングという。

図表2.1.20　画像や音のデジタル変換

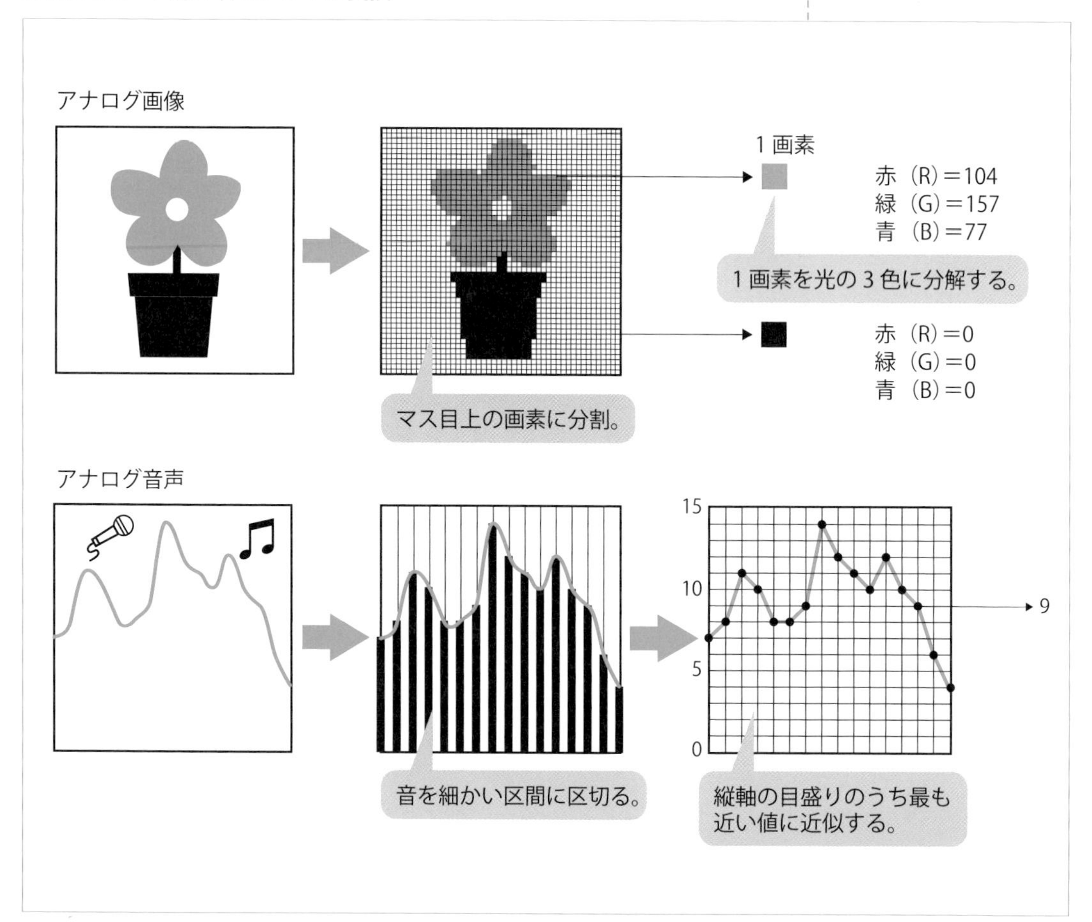

■デジタルデータの大きさ

デジタルデータは2進法［用語*3］で表現されます。デジタルデータの最小単位はビット（bit）で、1ビットの情報は1桁の2進数で表せます。2ビットの情報であれば、「00」「01」「10」「11」の4つの数値で表現できます。つまり、1ビットでは2^1（2の1乗）＝2個の情報、2ビットでは2^2（2の2乗）＝4個の情報、3ビットでは2^3（2の3乗）＝8個、4ビットでは2^4（2の4乗）＝16個……の情報を表すことができます。10進法の10種類の数字（0～9）を表すには4ビットが必要で、10進法の「8」は2の4乗なので2進法では4桁目が1となり、「1000」と表現します。ビットを表す単位記号として「b」が用いられることがあります。

ビットよりも大きな単位がバイト（byte）です。欧文文字1文字を表現するのに必要なデータサイズとして通常は、8ビットを1バイトとします［補足*4］。

現在では一般にデジタルデータの大きさはバイトを単位として表記されます。単位記号として「B」が用いられ、「100B」と書かれている場合には、100バイトを意味します。大きなデータを表す場合は、1000B＝1KB（キロバイト）、1000KB＝1MB（メガバイト）、1000MB＝1GB（ギガバイト）、1000GB＝1TB（テラバイト）と表現します。

2 記憶装置や記録メディア

パソコンなどの記憶装置は、デジタルデータを記録しておくための入れ物（媒体）である記録メディアと、読み書きのための装置で構成されます。パソコンでは内蔵のハードディスクドライブやSSDにデータを記録します。外付けのUSBメモリ、光学ドライブに挿入して使用する光学メディアを利用することもあります。スマートフォンやタブレットでは、機器に内蔵されるフラッシュメモリ［用語*5］に記録します。

パソコンに接続して使用する外付けのハードディスクドライブやSSDをデータの記録場所やバックアップ［用語*6］の保存先に利用することもあります［補足*7］。

■ハードディスクドライブ

ハードディスクドライブ（Hard Disk Drive、HDDと略される）は、1台に数百GB～数TBという大容量を記録できる記憶装置で、パソコンに内蔵のものと外付けのものがあります（図表2.1.21）。HDDの中の円盤（磁気ディスク）にデータが書き込まれ、ディスクは取り出すことがで

用語*3

2進法
0と1の2つの数字だけですべての数値を表す記法。2進法で表された数値を2進数という。これに対し、私たちの身のまわりで使われる0～9の10個の数字で表す記法を10進法という。2進法では2の累乗ごとに桁が上がる（10進法では10の累乗ごとに、100、1000と桁が上がる）。

▼10進数と2進数の対応

10進数	2進数
0	0
1	1
2	10
3	11
4	100
5	101
6	110
7	111
8	1000

補足*4

英字26文字の大文字と小文字に加えて、数字、各種記号を合わせて十分なビット数が8ビットであることから、8ビットを1バイトとしている。

用語*5

フラッシュメモリ
半導体を利用した記憶装置。電源を切っても内容が保存され、軽量で読み書き速度が速いのが特徴。

用語*6

バックアップ
ハードウェアの故障、誤操作といった事故に備えて、データが保存されている場所とは別に、他の記録メディアにコピーを保存しておくこと。「2-2-1 OS」を参照。

補足*7

外付けの記憶装置をデータの記録場所にしておくと、パソコンの移行や複数機器間の情報共有を容易に行うことができる。

きません。

HDDはネットワークに接続してNAS（Network Attached Storage）［用語*8］として利用されたり、テレビの録画用として利用されたりします。パソコンに外付けしたHDDを、ほかのパソコンからNASのように扱うこともできます。

用語*8

NAS

LAN内でファイルを共有するための記憶装置。このような記憶専用の装置をファイルサーバともいう。

図表2.1.21　ハードディスクドライブ

■SSD

Solid State Driveの略で、HDDの磁気ディスクの代わりにフラッシュメモリを利用した記憶装置です。HDDと同じインターフェースを持ち、パソコン内蔵用にHDDと置き換えることができます。

HDDと比べてデータの読み書き速度が速い、衝撃に強い、消費電力が低いといった特長がノート型パソコン搭載に最適とされ、普及が進んでいます。ただし、同じ記憶容量のHDDより高価です。

■USBメモリ、メモリカード

フラッシュメモリを持ち運んで利用できるようにした記憶装置には、USBメモリ（図表2.1.22）やメモリカード（図表2.1.23）などがあります。

USBメモリは、パソコンなどのUSBポートに接続して使います。記憶容量は64MB～2TB程度（2020年1月現在）です。

メモリカードはカード状の記憶装置です。SDカードが代表的です。SDカードを小型化したmicroSDカードはスマートフォンなどの記録メディアとして多く採用されています［補足*9］。

たいていのパソコンやスマートフォンには、SDカードやmicroSDカードを差し込むスロットが備わっています。スロットがない場合は、規格に合ったカードリーダをUSBポートに接続して利用します。

補足*9

規格上の最大容量は、SDカードでは2GB、上位規格のSDHCカードは32GB、SDXCカードは2TB、SDUCカードは128TB。2020年1月現在、1TBのSDXCカードが市販されている。

図表2.1.22　USBメモリ

図表2.1.23　メモリカード

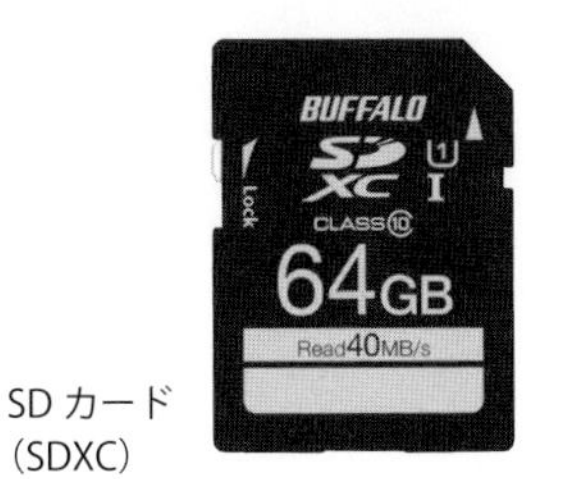

SD カード
（SDXC）

microSD カード
（SDHC）

■光学メディア

DVDやブルーレイディスクのように、レーザ光によって情報が記録される媒体を光学メディアといいます。代表的な光学メディアを図表2.1.24に示します。

図表2.1.24　光学メディアの種類と規格の特徴

記録メディア	規格名称［補足*10］	特徴
CD	CD-ROM、CD-R、CD-RW	CDを使った光学メディアで、記憶容量は約700MB。
DVD	DVD-ROM、 DVD-R、DVD+R、DVD-R DL、DVD+R DL、 DVD-RW、DVD+RW、DVD-RAM	DVDを使った光学メディアで、記憶容量は約4.7GB～約9.4GB。
ブルーレイディスク	BD-ROM、 BD-R、BD-R DL、 BD-RE、BD-RE DL、BD-RE XL	ブルーレイディスク（Blu-ray Disc）を使った光学メディアで、記憶容量は25GB～100GB。高密度記録ができる青紫色レーザを使っている。

補足*10

CD、DVD、ブルーレイディスクの規格名称の後の文字「-ROM」は書き込み不可、「-R、+R」は一度だけ書き込み可、「-RW、+RW、-RE」は書き換え可を表す。ディスクの記録面が1層、2層、3層のものがあり、また片面のみ利用するもの、裏返して記録できる両面のものがある。名称のあとの規格文字「DL」は2層、「XL」は3層を表す。

2-2 OSとアプリケーションソフト

1 OS

ソフトウェアは、パソコンやスマートフォンを動かすプログラムのことです。ここでは、基本的な動作をコントロールするOSの役割や種類について学習します。

1 OSの働き

■ハードウェアとソフトウェア

パソコンなどの情報機器では、機械であるハードウェアとそれを動かすソフトウェアが組み合わさって機能を果たします。

ソフトウェアは、情報機器の基本的な動作を担当するOSと、目的に応じた動作をするアプリケーションソフトに分類されます。

■OSの役割

OS（Operating System）は、画面表示、入力データの受け取りとアプリケーションソフトへの引き渡し、アプリケーションソフトの処理結果の出力といった入出力機器（ハードウェア）やアプリケーションソフトの実行に際して、全体をコントロールするソフトウェアです（図表2.2.1）。

図表2.2.1　OSの役割

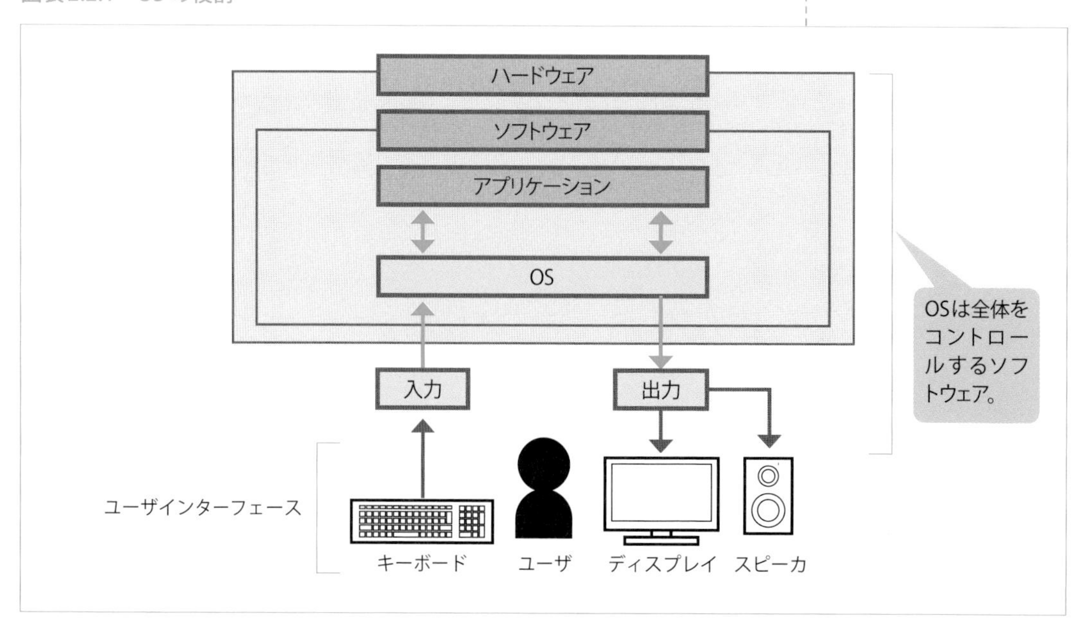

ディスクのフォーマット［用語*1］や入力の受付といった基本的な処理もOSの機能です。

パソコンやスマートフォンなど情報機器の種類によって採用されるOSは異なります。機種によっては、複数のOSに対応することもあります。代表的なOSとして、パソコン用にはWindowsやmacOS、スマートフォン、タブレット用にはAndroidやiOS、iPadOSなどがあります。

技術の進歩や世の中の動きに合わせて、OSの機能は拡張されます。OSの新旧を区別するためにバージョン［用語*2］を表す番号や名前が付けられます。

用語*1

フォーマット
購入したハードディスクなどを、自分の利用環境（WindowsかmacOSかなど）に合わせて使用できるようにすること。初期化ともいう。

用語*2

バージョン
ソフトウェアの改訂番号のこと。末尾の番号を増やして示す。

2 パソコンのOS

パソコン用のOSにはWindows、macOS、Linuxなどの種類があります。通常は、パソコンを購入するとあらかじめOSは組み込まれています。一般に利用されるのはWindowsとmacOSです。

■Windows

マイクロソフト社のWindowsは幅広いパソコンに採用されるOSで、最新はWindows 10です（2020年1月現在）（図表2.2.2）。また、バージョンが同じでも、機能や用途によって種類（エディション）が分かれています。Windows 10には、Windows 10 Home（一般向け）、Windows 10 Pro（企業向け）などがあります。さらに、Windows 10のエディションに32ビット版と64ビット版があります。

図表2.2.2　Windows 10のデスクトップ

コラム● パソコンの32ビット版と64ビット版

32ビット版は一度に32ビットの情報を、64ビット版は一度に64ビットの情報を処理できます。つまり64ビット版のほうが高機能ということです。また、32ビット対応アプリケーションソフトは64ビット版Windows10で稼働させることができますが、逆はできません。

周辺機器に関して、32ビット版のデバイスドライバ〔補足*3〕のみが提供されている周辺機器は64ビット版では使用できません。

補足*3

デバイスドライバについては、本項「4 OSの機能」を参照。

■ macOS

アップル社のmacOSは、アップル社の販売するパソコン（通称Mac）で採用されているOSで、最新はmacOS Catalinaです（2020年1月現在）（図表2.2.3）。

図表2.2.3　macOS Catalinaのデスクトップ

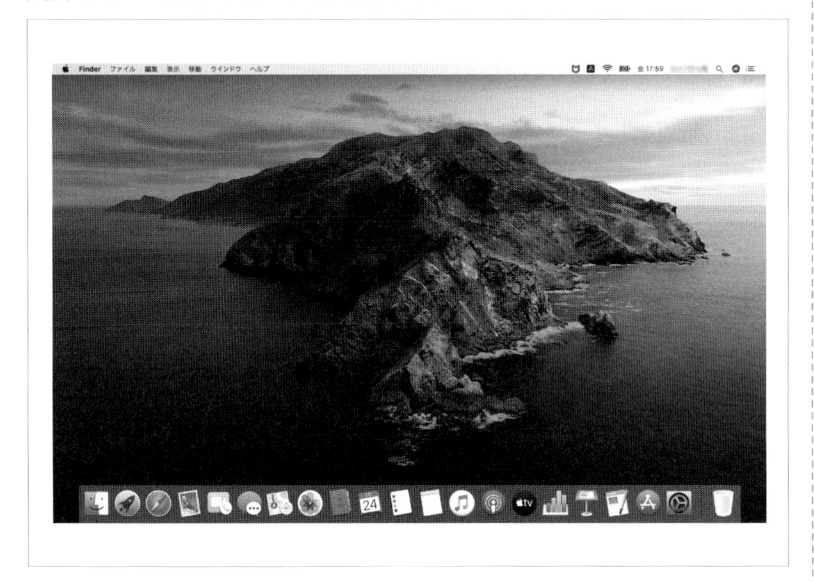

アプリケーションソフトはアップル社が運営するApp Storeというオンラインストアから入手できます。アップデートもApp Storeから行います。

macOSにはMac上にWindows OSをインストールするためのソフトウェア「Boot Campアシスタント」が用意されており、これを使ってMac上でWindows OSを利用することができます。

■OSの設定による利用法の変更

ユーザインターフェースや周辺機器の利用法の設定はOSで行います。はじめは一般的な設定値が設定されていますが、ユーザは自分の使い方に合わせて変更することができます。

Windows 10では「設定」画面で行います（図表2.2.4）。設定項目は分野ごとに分けられていて、「設定」に表示されたアイコンをクリックして詳細項目を設定します。

macOSでは「システム環境設定」画面で行います。各アイコンをクリックすると環境設定パネルが開いて設定できる項目が表示されます（図表2.2.5）。

図表2.2.4　Windowsの設定画面

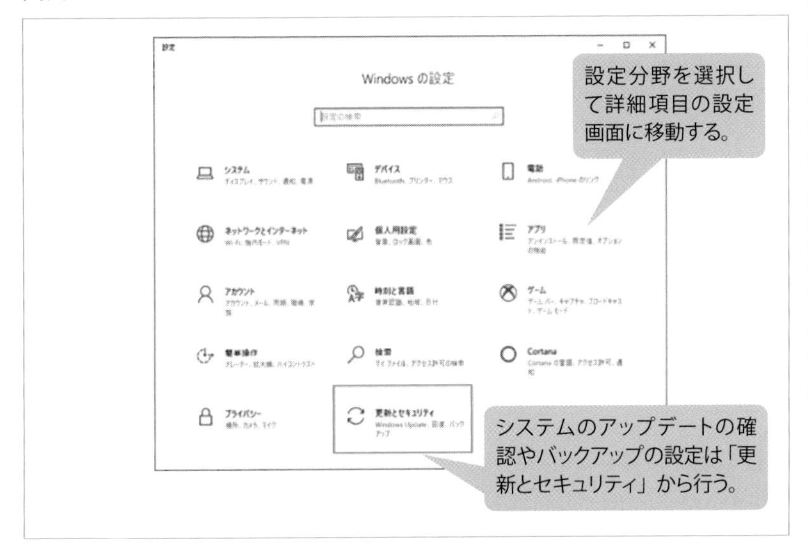

図表2.2.5　macOSのシステム環境設定画面

3 スマートフォンのOS

スマートフォンやタブレットで利用されるOSは、マルチタッチパネル（複数の点に同時に触れて操作できるタッチパネル）を使った操作を前提としたユーザインターフェースを備えています。アプリケーションソフト（アプリ）を追加しやすく、機能拡張が容易であるという特徴もあります。

一般に利用されるのは、グーグル社のAndroidと、アップル社のiOS、iPadOSです（2020年1月現在）。

■Android

Androidは、グーグル社が提供するOSで、プログラムの仕様の詳細が公開されたオープンソースOSです。Androidは、スマートフォンやタブレット以外に、電子書籍リーダや携帯音楽プレーヤ、カーナビゲーションなどでも採用されています。

Android用のアプリケーションソフト（アプリ）は、グーグル社が運営するGoogle Playストアというマーケットを通じて入手できます。また、第三者が運営するマーケットや個人のWebサイトなどからも入手できるなど自由度が高いのがAndroidの特徴ですが、反面、セキュリティ上の問題があります。

■iOS、iPadOS

iOS、iPadOSは、アップル社の販売するiPhoneやiPadで採用されているOSです（タブレット用がiPadOS）。macOS同様、直感的に操作できるインターフェース、独自の考え方によるデザインが特徴です。

iOSはAndroidと異なり、アプリケーションソフトがアップル社運営のマーケットApp Storeで一元的に配布されます。

4 OSの機能

OSは、パソコンなどの利用に必要なさまざまな機能を提供しています。その一部について解説します。

■バックアップと復元

記録メディアの故障や操作ミスで、作成したデータのファイルを消去してしまうことがあります。そうした事態に備えて、別の記録メディアにコピーを保存しておくことをバックアップといいます。OSは、バックアップする機能とバックアップデータから元のデータを復元する（リストアまたはリカバリという）機能を持っています。

• Windows 10のバックアップ機能

Windows 10には「ファイル履歴」という名前でバックアップ機能が用意されています。「ドキュメント」フォルダや「ピクチャ」フォルダにあるファイルを自動でバックアップできます。バックアップデータを作成するたびに個別バージョンとして保存されます。新しいバックアップデータを作成しても、古いバージョンのバックアップデータはそのまま保存され続けるため、過去の特定時点で作成したバックアップデータからデータの復元が可能です。

• Macのバックアップ機能

macOS Catalinaには、自動バックアップ機能としてTime Machineという機能が用意されています。バックアップ用に外付けハードディスクドライブなどをMacに接続すると、Time Machineでバックアップを作成するかどうかを確認するメッセージが表示されます。多くのアプリケーションでは、作業中に書類が自動的に保存され、保存された古いバージョンに戻すことができます。

• Android、iOS、iPadOSのバックアップ機能

Android、iOS、iPadOSなどのスマートフォン、タブレット向けOSにも、設定やデータをバックアップする機能が備わっています。AndroidはGoogleドライブ、iOS、iPadOSはiCloudにバックアップします［補足*4］。

補足*4
パソコンを利用したバックアップ方法などもある。

■OSのアップデート

OSは、発売後にも不具合の修正や改良が加えられます。機能的な不備やセキュリティ上の問題が見つかった場合は、それを修正するためのデータや新バージョンが提供されます。インストール済みのソフトウェアを最新状態に更新することをアップデートといいます。Windows 10やmacOS Catalinaは、アップデートが必要かどうかを自動的に調べて、アップデートを促す機能を持っています［補足*5］。

補足*5
OSに限らず、多くのアプリケーションソフトはアップデートの必要性をユーザに知らせる機能を備えている。

OSのアップデートはいつまでも続くわけではなく、ある期間が過ぎるとサポート終了となって、アップデートが提供されなくなります。サポートが終了したOSではマルウェアなどの感染リスクが高まります。サポートが終了する前に新しいOSに入れ替えるなどの対策をとりましょう。

■デバイスドライバ

デバイスドライバとは、パソコンで周辺機器を制御する際に必要な機能をOSに提供するソフトウェアのことです。標準的な周辺機器については、OSが対応するデバイスドライバをあらかじめ備えています。ただし、周辺機器によってはメーカーなどが提供するデバイスドライバの追加インストールが必要です。

■日本語入力

日本語を入力する際は、キーボードなどから入力された文字列が日本語入力システムによって漢字仮名交じりの文字列に変換されてOSに引き渡され、さらにOSはこれをアプリケーションソフトに引き渡します。

コンピュータは、文字をデジタルデータ［補足*6］として処理します。そのために、１つ１つの文字には固有の番号が割り当てられています。この番号のことを文字コードといいます。たとえば、7ビットで英数字や記号を表す文字コードのASCII［用語*7］で英字「A」は、２進数の「1000001」が割り当てられています（図表2.2.6）。

補足*6

デジタルデータについては、「2-1-4 デジタルデータと記憶装置、記録メディア」を参照。

用語*7

ASCII
コンピュータや通信機器などで古くから利用されてきた文字コード。7桁の2進数で文字情報を表現する。

図表2.2.6　ASCII表の一部

文字	2進	10進	16進
A	1000001	65	41
B	1000010	66	42
C	1000011	67	43
D	1000100	68	44
E	1000101	69	45
F	1000110	70	46
G	1000111	71	47
H	1001000	72	48

文字コードを数値で示すときは、2進数より使いやすい10進数や16進数で表記されることが多い。たとえば、2進数の1000001は、10進数では65、16進数では41である。

「H」という文字を、コンピュータが取り扱う2進表記では「1001000」で表す。

• 日本語を表す文字コード

日本語にはひらがな、カタカナ、漢字があり、多くの文字が使われるので、1文字につき2バイト（16ビット）を使用するJISコード、Shift_JIS、EUCといった文字コードが用いられます。また、インターネット上では、世界のいろいろな言語の文字を含む共通の文字コードであるUnicodeが広く用いられます。

• 文字化け

日本語のWebページを海外のパソコンで表示させようとしたとき、意味不明の文字列が表示されてしまうことがあります。これは、Webブラウザが文字コードを正しく判別できず、別の文字コードとして処理するために発生します。このように文字が正しく表示されないことを、文字化けといいます（図表2.2.7）。

図表2.2.7　文字化けの例

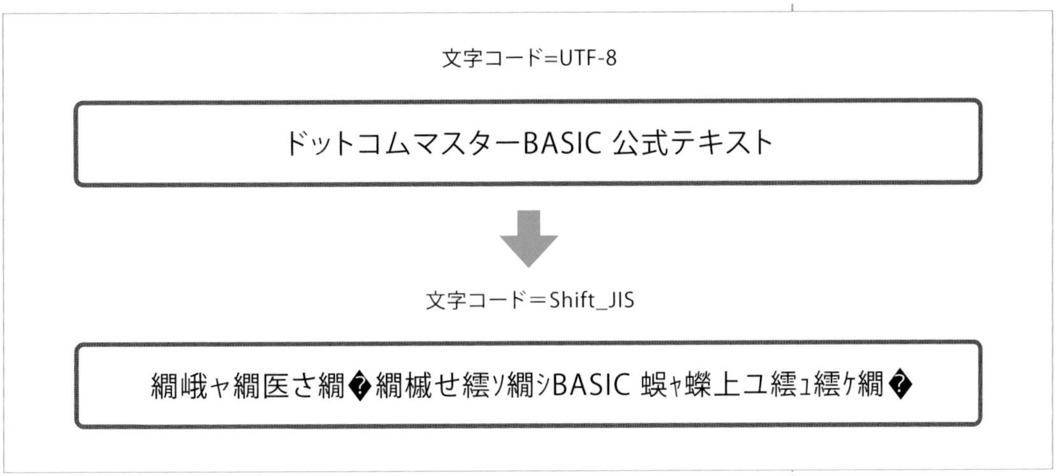

文字コード=UTF-8

ドットコムマスターBASIC 公式テキスト

文字コード＝Shift_JIS

繝峨ャ繝医さ繝�繝槭せ繧ｿ繝ｼBASIC 蜈ｬ蠑上ユ繧ｭ繧ｹ繝�

2 アプリケーションソフト

ユーザの求めることを実際に処理するのがアプリケーションソフトです。目的にふさわしいものを選んでインストールする必要があります。ここでは、ソフトウェアを扱う上での基本知識を学びます。

1 アプリケーションソフト

アプリケーションソフトは、特定の機能をユーザに提供するソフトウェアのことです。アプリケーション、アプリと呼ばれることもあります。

アプリケーションはパソコンなどにあらかじめ入っているもの（プリインストール）を利用するか、なければ自分でインストールします。

■ファイルとフォルダ

パソコンやスマートフォンには、音楽や文書などの情報がファイルという形で記録されています。音楽ファイルを呼び出して聴いたり、文書を作成して文書ファイルとして保存したり呼び出したりします。コンピュータでデータを扱う基本単位がファイルで、アプリケーションが使用するプログラムなどもファイルとして管理されます。

音楽ファイルや文書ファイルは、記憶装置の中ではフォルダという入れ物に保存されます（図表2.2.8）。フォルダはファイルを分類・整理して保存しておく場所と考えられます。

図表2.2.8　ファイルとフォルダ

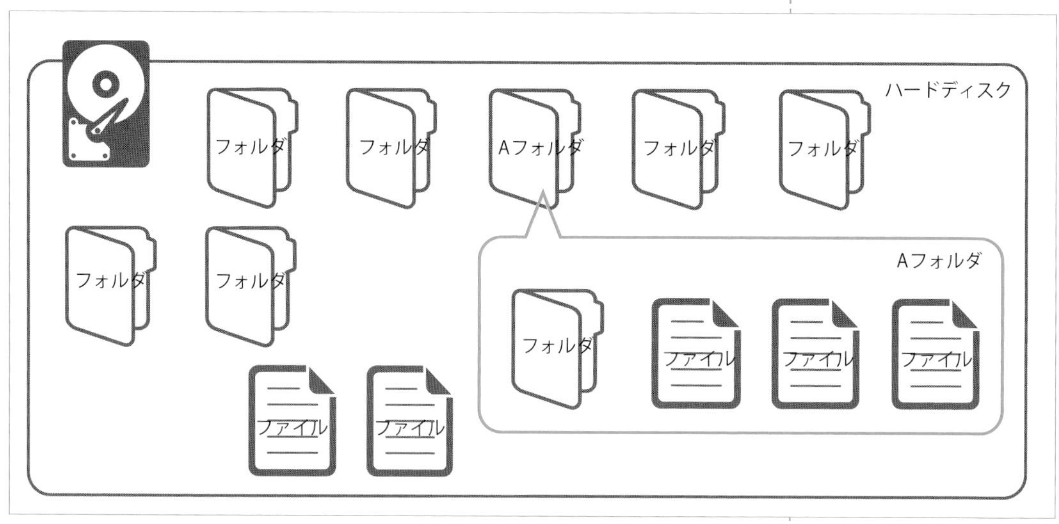

・ファイルやフォルダを整理する機能

Windows 10のエクスプローラやmacOS CatalinaのFinderは、ファイルやフォルダを目に見える形で整理するOSの機能です（図表2.2.9）。フォルダのアイコンをダブルクリックすると、そのフォルダの中身がウィンドウに表示されます。

図表2.2.9　エクスプローラ（上）とFinder（下）

・ファイル名と拡張子

ファイルには、識別するためのファイル名を付けます。ファイル名は自由に付けることができますが、OSによって長さ（文字数）、使用できない文字、使用できない名前などの制限があります。

また、ファイルの性質を表す文字列が保存時に付けられることがあります。これを拡張子といいます。拡張子は、ファイル名の末尾にあるピリオド(.)で区切られた右側にある文字列のことです（図表2.2.10）。OSは、拡張子によってそのファイルがどのアプリケーションソフトに対応するかを識別し、ファイルを開くときに自動的にアプリケーションソフトを起動します。

図表2.2.10　ファイル名と拡張子の形式

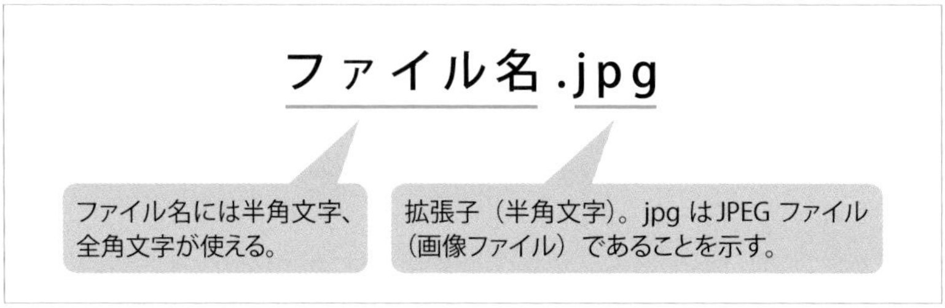

ファイル名.jpg

ファイル名には半角文字、全角文字が使える。

拡張子（半角文字）。jpg はJPEG ファイル（画像ファイル）であることを示す。

• **拡張子の表示・非表示**

Windows 10、macOS Catalinaでは、ともに拡張子は表示されない設定になっています。これでも実用上の問題は少ないですが、表示させておくと、ファイルの種類が一目でわかるので便利だという考え方もできます。ただし、誤って拡張子を削除したり書き換えたりしてしまうと、そのファイルの性質がわからなくなってしまうので注意が必要です。

拡張子を表示させておきたい場合は、エクスプローラやFinderで表示・非表示の切り替え操作を行います。

コラム ● 可逆圧縮と不可逆圧縮

情報量の多いデータを保存したり送信したりする場合は、情報量が少なくなるように加工します。この操作を圧縮といいます。圧縮の結果、作成されたファイルを圧縮ファイルといいます。また、圧縮ファイルを元に戻すことを展開や伸長といいます（くだけた表現では解凍ともいう）。

データの性質によって圧縮方法を使い分けます。プログラムのように、1ビットでも変わってしまうと目的の動作を行わない（誤動作する）可能性がある場合は、圧縮前のファイルと、圧縮したファイルを展開したファイルがまったく同じである必要があります。この場合は完全に元通りに展開できる可逆圧縮でなければなりません。

画像、映像、音声のように、見聞きした印象が大きく変わらず、細部が粗くなっても実用には困らないような場合は、記憶容量を節約するために間引きをした圧縮を行います。これを不可逆圧縮といいます。不可逆圧縮したデータは完全に元のデータと同じに展開することはできません。

なお、インターネット上を流通する画像、映像、音声のデータの大部分は圧縮したデータです。

■アプリケーションソフトのインストールとアンインストール

パソコンやスマートフォンには、よく使うと思われるアプリケーションソフトはプリインストールされていて（すでに導入されている）、すぐに利用できるようになっています。しかし、ほかのアプリケーションソフトを使いたいという場合は、自分でインストールする（組み込む）作業を行います。

目的のアプリケーションソフトが自分の機器で利用できるかどうか、インストール前に確認することが必要です。OSが対応しているか、記憶装置の空き容量に不足はないか、CPUの処理速度は大丈夫かなどが確認事項です。

不要になったソフトウェアは削除して、記憶装置の空き容量を増やします。この作業をアンインストールといいます。

■アプリケーションソフトのアップデート

ソフトウェアは、発売後、公開後にも不具合の修正や改良が加えられます。機能的な不備やセキュリティ上の問題が見つかった場合は、修正するためのデータ（差分データ）や新しいバージョンが開発元から提供されます。こうしたデータを使って、インストール済みのソフトウェアを最新状態に更新することをアップデート［補足*1］といいます。

補足*1

アップデートについては、「4-2-3 マルウェアと不正アクセス対策」を参照。

2 アプリケーションソフトの種類

目的に応じたアプリケーションソフトをコンピュータに追加して、できる作業を増やすことができます。また、目的に応じてアプリケーションソフトを使い分けます。

なお、アプリケーションソフトの種類によっては、スマートフォンよりもパソコンで利用するほうが使い勝手が良く効率が上がるものもあります。たとえば、仕事に欠かせないワープロソフト、表計算ソフト、プレゼンテーションソフトはパソコンでの利用が向いているといえます。

■よく使われるアプリケーションソフト

特別な目的や専門的な目的でなければ、パソコンのプリインストールソフトでこなすことができます。ビジネス向けパソコンには、有料でMicrosoft Officeシリーズがプリインストールされて販売されることが多くなっています。おもなアプリケーションソフトについて解説します。

• **Webブラウザ**

Webサイトを閲覧するアプリケーションソフトで、ブラウザとも呼ばれます。HTMLファイル［用語*2］の表示をします。

• **メールソフト**

電子メールを送受信するためのアプリケーションソフトで、メーラとも呼ばれます。

• **オフィスソフト**

文書を作成するワープロソフト、数値の計算、表やグラフの作成、統計処理を行う表計算ソフト、画像や表の入ったスライドや発表用の資料を作成し、それらを使ってプレゼンテーションを行うプレゼンテーションソフトなどがあり、しばしばセットにして販売されます。

• **エディタ**

テキスト（文字のみのデータ）の入力や編集を行います。

このほか、画像・映像・音楽の作成・編集を行う、音楽や映像を再生するといった目的のアプリケーションソフトがプリインストールされていることもあります。

代表的なアプリケーションソフトとよく使われるアプリケーションソフトで作成されるファイルの拡張子を図表2.2.11に示します。

用語*2

HTMLファイル

HTMLはHyperText Markup Languageの略。Webブラウザに表示する文書を記述したファイル。タグという記号を文書中に挿入することで、文書の構造を定義する。

図表2.2.11　代表的なアプリケーションソフト

アプリケーションの分野	アプリケーンソフト名	代表的な拡張子
Webブラウザ	Google Chrome、Safari、Firefox、Microsoft Edge	htm、html
メールソフト	Microsoft Outlook、Mozilla Thunderbird、メール	［補足*3］
エディタ	メモ帳、テキストエディット	txt
オフィスソフト	Microsoft Word（ワープロソフト）	doc、docx
	Microsoft Excel（表計算ソフト）	xls、xlsx
	Microsoft PowerPoint（プレゼンテーションソフト）	ppt、pptx
音楽・動画再生ソフト 音楽編集ソフト	Windows Media Player 12、Windows 10 DVDプレーヤー、GarageBand	mp3、acc、wma、wav、aif
写真・画像編集ソフト	ペイント、Microsoftフォト、Adobe Photoshop	jpg、gif、png、bmp
電子文書作成・閲覧ソフト	Adobe Acrobat、Acrobat Reader	pdf

補足*3

メールソフトでは拡張子を意識せずに使用できる。

2-3 プログラミングの基本

1 プログラミングとは

コンピュータは、プログラムによって人間からの指示を受け、プログラム作成者の意図した処理を実行します。プログラムの基本処理とプログラミング言語について学習します。

1 プログラミングについて

プログラミングとは、プログラムを書く作業のことです。プログラムとは、「計画」や「予定表」といった意味です。つまり、計画や予定などを順番に書き出す作業がプログラミングです。

作成したプログラムをコンピュータに与えることで、意図した処理や動きを実現することができます。コンピュータに処理を実行させるには、コンピュータが理解できる形で指示をする必要があります。そのために使われるのが「プログラミング言語」です。

プログラミング言語を用いて、指示を順番に書く作業をプログラミングといいます。

2 プログラムを作る工程

プログラムを作るときは、いきなりプログラミング言語を用いてプログラミング作業をするのではなく、まず実現したいことを分析して全体像をまとめます。それに基づいてプログラムを作成し、でき上がったら意図どおりに動くかどうかをテストして、実際に運用していきます。プログラミング作業の流れを図2.3.1に示します［補足*1］。

図表2.3.1　プログラミング作業の流れ

要求定義	→	プログラム設計	→	プログラム作成（コーディング）	→	テスト	→	運用
実現したいことを要素に分解する。		要素の組み合わせ、順番を検討する。［補足*2］		プログラミング言語で記述する。		意図どおりに動くことを確認する。［補足*3］		でき上がったプログラムを活用する。

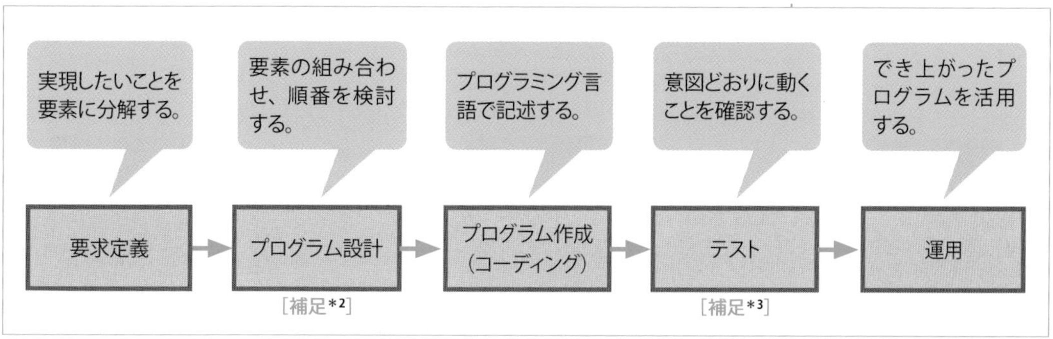

補足*1
ここに示すのはウォータフォールモデルという開発手法の概略。ウォータフォールモデルのほかにも各種の開発手法が実際に利用されている。

補足*2
実際は、利用者の視点で設計（外部設計という）、開発者の視点で設計（内部設計という）の2段階で行われる。

補足*3
プログラムの個々の機能を検証する単体テスト、関連する複数のプログラムを同時に検証する結合テスト、プログラム全体を検証するシステムテスト、本番環境と同様の環境で行う運用テストなど、さまざまな種類のテストを行う。

3 プログラムの基本処理

■フローチャート

プログラム設計の段階では、処理の要素をフローチャートに記述することがよく行われます。フローチャートは、プログラムの処理の流れを順序立てて描いた図です。処理の単位をブロック（四角形）で表し、上から下に流れるような形で配置します。

■プログラミング言語の文法

プログラムは、プログラミング言語の約束ごとに従って記述します。どのような処理でも、基本は数値の計算です。計算には、変数（値の出し入れができる箱のようなもの）、演算子（数学の記号と同じようなもの）を用い、文法に則って書かなければなりません［補足*4］。

補足*4

プログラミング言語は、厳密に文法が決まっている。人間の会話では言葉に曖昧さがあっても「意味が通じる」ものだが、コンピュータ言語では曖昧は許されない。

■3つの処理パターン

プログラムの基本となるのは、順次処理、選択処理、反復処理の3つの処理です。これらを組み合わせることにより、複雑なプログラムを作ることができます。次に、日常生活における順次処理、選択処理、反復処理の例を示します（図表2.3.2）。

図表2.3.2　プログラムで使用される3つの処理パターン

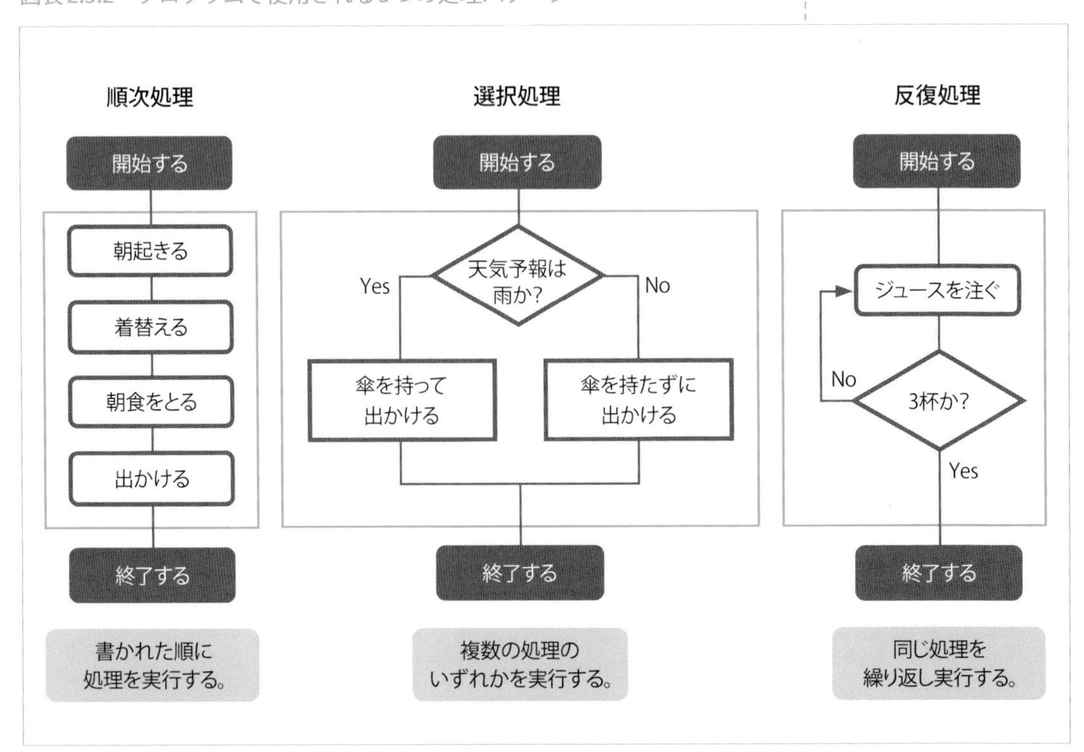

3つの処理パターンの特徴を理解すると、よりわかりやすいフローチャートを作成することができます。たとえば、同じことを10回繰り返す場合、順次処理では長いフローチャートになりますが、反復処理にすると短いフローチャートで済みます（図表2.3.3）。なお、次の例では変数や演算子を使って10になるまで1を加算する演算を行っています。

図表2.3.3　フローチャートを短くする

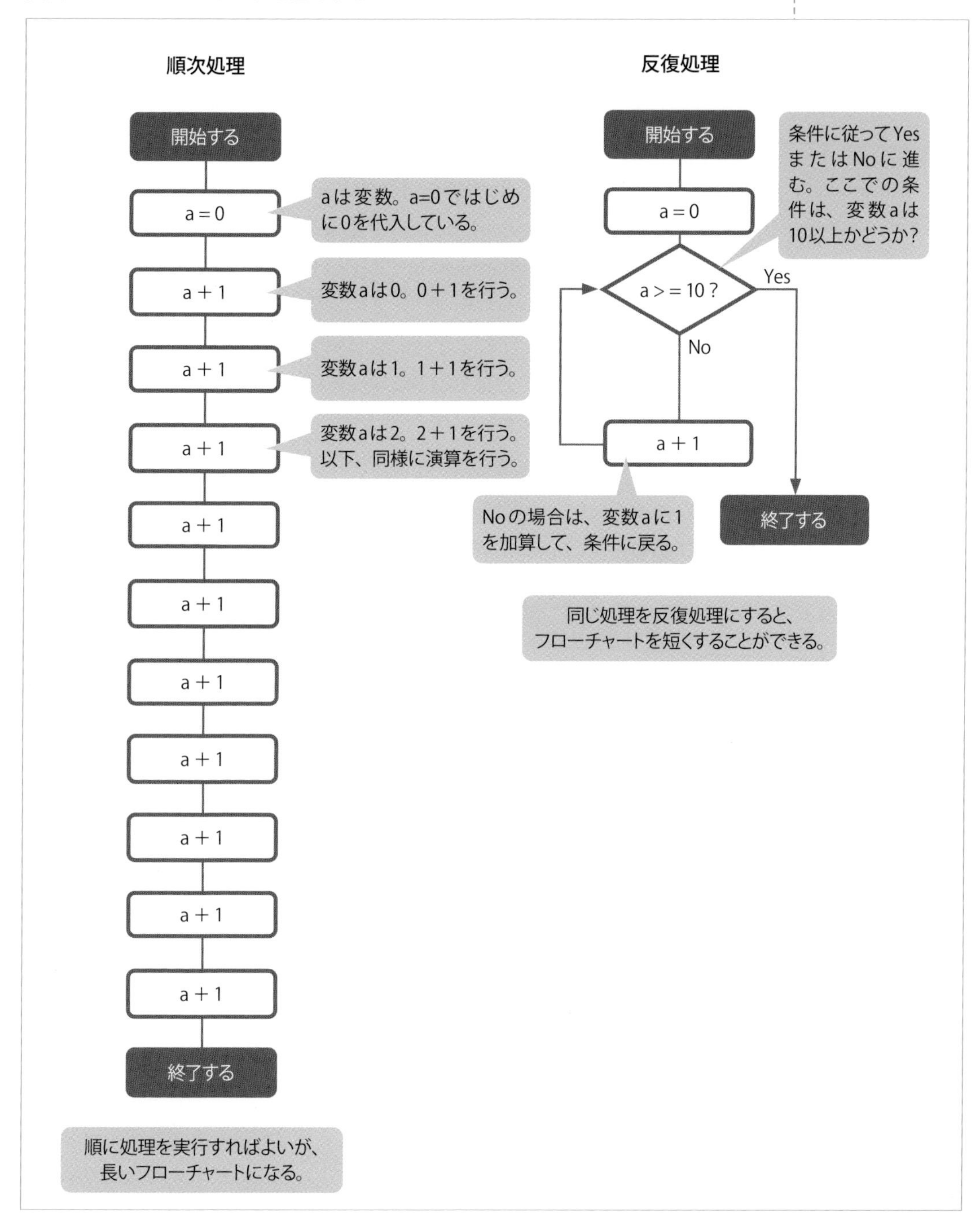

2 主要なプログラミング言語

プログラミング言語には、昔から使われているものから最新のものまで、あわせて何百という種類があり、どの言語を学べばよいのか、その多さに迷うことでしょう。ここでは、主要な言語の特徴を学習します。

1 プログラミング言語の分類

プログラミング言語は、フロントエンド言語とバックエンド言語に分類することができます。フロントエンド言語には、HTML、CSS、JavaScriptなどがあります。これらはおもに、Webページの開発などに使われます。バックエンド言語には、PHP、Python、Ruby、Java、C言語などがあります。これらはおもに、システムやデータベースの構築などに使われます。

Webサイトやアプリケーションは、これらの言語を組み合わせて開発します。

2 主要なプログラミング言語

おもなプログラミング言語の特徴を解説します。

• HTML

HyperText Markup Languageの略で、Webページを作成するために開発されました。Webページを構成する文字や画像などをマークアップ（Markup：印を付ける）し、それぞれに意味を持たせます。これをWebブラウザで表示すると、構造化された文章と画像などとして見ることができます。なお、現在、HTML言語だけでWebページを作成することは推奨されておらず、CSSやJavaScriptなどを組み合わせて作成されています。

• CSS

Cascading Style Sheetsの略で、単にスタイルシートとも呼ばれ、HTMLと組み合わせて使用されます。HTMLがWebページの文字や画像に意味付けをするのに対して、CSSはそれらをどのような見た目にするかを指定します。見た目とは文字の大きさや色、画像の配置や背景の色などのことです。

・JavaScript

動きのあるWebページを作成するために利用されるプログラミング言語がJavaScriptです。Webページ中の「申込フォームの入力」「送信ボタン」「クリックすると表示されるメニュー」など、閲覧者に何らかのアクションを促す機能の多くはJavaScriptで作られています。Google マップでWebページを更新しなくても表示を変えられるのはJavaScriptを利用しているからです。JavaScriptは、ゲーム、スマートフォン向けアプリケーションなどの開発にも使われています。

・PHP

PHPは、サーバ側で動作するプログラミング言語として、WebサイトやWebサービスの作成に広く使われています［補足*1］。サービスへのログイン機能、検索機能、問い合わせフォームの作成など、さまざまなプログラムを作ることができます。構文がシンプルなので初心者でも比較的習得しやすく、シンプルなWebサイトを記述するのに適切です。WikipediaなどがPHPを採用しています。

・Python

Pythonは、プログラムがシンプルで読みやすく、少ない行数で書くことができるプログラミング言語です。アプリケーション開発、数値解析、統計処理などに強く、AIやIoTなどの開発にも多く使われています。サンプルプログラムが多数公開されており、それらを使ってプログラム作成を行うことができます。

・Ruby（ルビー）

Rubyは、日本人が開発した日本発プログラミング言語として、はじめて国際規格に認証されました［補足*2］。当初はおもにSNSやソーシャルゲームの開発に利用されていましたが、汎用性の高い言語として現在ではスマートフォン向けアプリケーションの開発用言語にも採用されています。クックパッドや食べログなどがRubyを採用しています。

・C言語

C言語は、1972年に開発されたプログラミング言語で、OS、IoTなどの開発に多く使われています。さまざまな言語がC言語から派生しており、C++（「シープラスプラス」と読む）やC#などが広く利用されています。ソースコード［用語*3］をコンピュータが理解できる形に翻訳（コンパイル［用語*4］）した機械語プログラムが動作するので、実行速度が高速であることが特徴です。WindowsやLinuxなどのOSはC言語で作

補足*1

サーバ側で動作するプログラミング言語の中でPHPが最も利用されている（W3Techsの調査結果による。https://w3techs.com/）。

補足*2

ISO/IECの国際標準として承認された。ISO（International Organization for Standardization）は電気・通信および電子技術分野を除く全産業分野（鉱工業、農業、医薬品など）に関する国際規格の作成を行う組織で、正式名称を国際標準化機構という。IEC（International Electrotechnical Commission）は電気および電子技術分野の国際規格の作成を行う組織で、正式名称を国際電気標準会議という。

用語*3

ソースコード
開発者がプログラミング言語で記述したプログラムのこと。人間にとってはわかりやすい仕様だが、コンピュータはそのまま実行することはできない。

用語*4

コンパイル
ソースコードを機械語プログラムに翻訳することをコンパイルという。機械語プログラムはCPUを直接動かすので、実行速度が速い。これに対して、ソースコードを機械語に直しながら少しずつ実行するインタープリタという処理手法がある。直しながら実行する分、実行速度が遅くなる。ここで示した言語ではC言語とJava以外がインタープリタ型。

られています。

• **Java**

Javaは、非常に汎用性が高く、業務システム、Webページ、スマートフォン向けアプリケーションなど多岐にわたる開発に利用されています。OSに依存しないことが特徴で、さまざまな開発環境で使える言語として重宝されています。

次にいろいろなプログミング言語で「Hello World!」という文字を画面に表示する記述例を示します。(図表2.3.4)。左がソースコード、右が表示結果です。

図表2.3.4　いろいろなプログミング言語の記述例

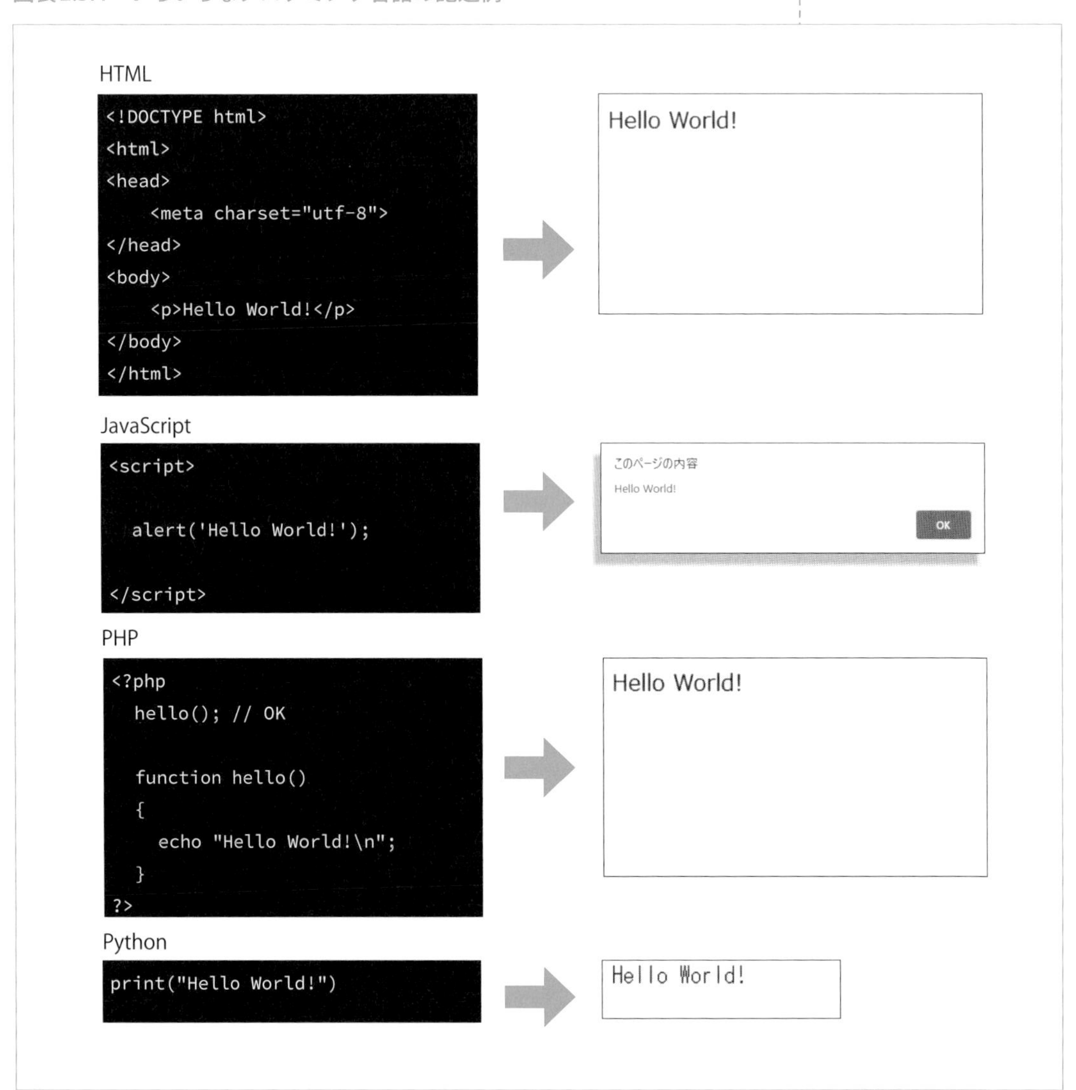

コラム ● HTML、CSS、JavaScript

Webページの見た目はCSSで指定することができます。また、JavaScriptを使用するとWebページに動きを持たせることができます。HTMLにCSSとJavaScriptを追加するとどのように変化するか、次の例を見てみましょう。

最初に、HTMLだけで記述した例を示します（図表2.3.5）。次の例では、箇条書きの「ボタン1」「ボタン2」「ボタン3」にリンクが設定されています（リンクはダミー）。

図表2.3.5　HTMLの記述例

HTMLファイルの記述

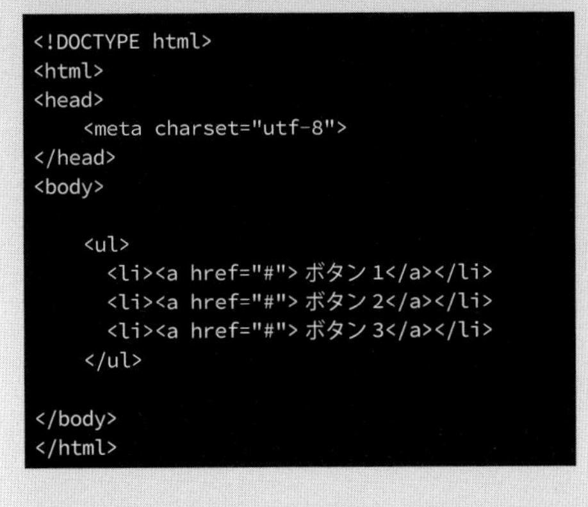

```
<!DOCTYPE html>
<html>
<head>
    <meta charset="utf-8">
</head>
<body>

    <ul>
      <li><a href="#">ボタン1</a></li>
      <li><a href="#">ボタン2</a></li>
      <li><a href="#">ボタン3</a></li>
    </ul>

</body>
</html>
```

Webブラウザにおける表示

- ボタン1
- ボタン2
- ボタン3

「index.html」のように拡張子をhtmlにしたファイルを作成し、Webブラウザで開く。

図表2.3.5にCSSとJavaScriptの記述を追加した例（図表2.3.6、次ページ参照）を見てみましょう。なお、次の例ではCSSとJavaScriptをHTML内に直接記述しています。

図表2.3.6　HTMLの記述例（CSS、JavaScriptを追加）

HTMLファイルの記述

```
<!DOCTYPE html>
<html>
<head>
  <meta charset="utf-8">
  <style type="text/css">
    <!--
      li {float: left; width: 100px;}
    -->
  </style>

  <script>
    function changeColor(){
      document.getElementById('button').style.backgroundColor = 'red';
    }

    function revertColor(){
      document.getElementById('button').style.backgroundColor = null;
    }
  </script>
</head>
<body>

  <ul>
    <li><a href="#" id='button' onMouseOver="changeColor()" onMouseOut="revertColor()"> ボタン 1</a></li>
    <li><a href="#"> ボタン 2</a></li>
    <li><a href="#"> ボタン 3</a></li>
  </ul>

</body>
</html>
```

図表2.3.5のHTMLファイルにCSSの記述を追加。

図表2.3.5のHTMLファイルにJavaScriptの記述を追加。

Webブラウザにおける表示（CSSの追加）

• ボタン1　• ボタン2　• ボタン3

レイアウトが変わる。

Webブラウザにおける表示（JavaScriptの追加）

• ボタン1　• ボタン2　• ボタン3

マウスポインタを合わせると色が変わる。

第3章

インターネットの接続

インターネットは、さまざまな技術に支えられて成り立っています。この章では、インターネットはどのようなものか、インターネットの基本的な構成や仕組み、インターネットへの接続方法、Webや電子メール、クラウドサービスの基本について学びます。

3-1 インターネット構成

1 インターネット

インターネットに接続することにより、同じようにインターネットに接続している別のネットワークやコンピュータとの通信を行うことができます。ここでは、インターネットの基本的な構成について学習します。

1 ネットワークとインターネット

コンピュータなど通信機能を持つ複数の機器同士を相互に結んでデータのやり取りができるようにした形態を、コンピュータネットワークまたは単にネットワークといいます。

ネットワークは規模によっていくつかに分類することができます。家の中、企業や学校の中のように、限られた範囲に構成する小規模のネットワークをLAN（Local Area Network）といい、「ラン」と読みます。家庭内で使うLANを家庭内LAN、学校内で使うLANを学校内LAN、企業内で使うLANを企業内LANや社内LANのように呼びます。

LANに対して広いエリアのネットワークをWAN（Wide Area Network）［補足*1］といい、「ワン」と読みます。WANは、離れた場所にあるLAN同士を光ファイバなどの回線で結ぶなどして、データ通信ができるようにしたネットワークです。

WANを世界規模に広げたものがインターネットです。インターネットは、世界中のさまざまなネットワークを相互に接続して誰でも自由に利用できるようにしたネットワークです。

補足*1

LANは構内通信網、WANは広域通信網ともいう。網はネットワークの意味。本社と支社をつなげたネットワーク、隣接する市や県のように広いエリアを結ぶネットワークなど、さまざまなWANがある。

2 インターネットへの接続

インターネットへは、さまざまなネットワークやシステム、機器が接続し、相互に通信を行っています（図表3.1.1）。一般に、スマートフォンやパソコンなどの機器をインターネットに接続するには、ISP（Internet Service Provider：インターネットサービスプロバイダ）が提供するインターネット接続サービスを利用します。FTTH接続を利用する、移動体通信ネットワークを利用する、学校内LANや企業内LANなどを経由して利用する、駅やコンビニ、ホテル、公共施設などが提供する公衆無線LANを利用するなど、さまざまな利用形態があります。

図表3.1.1　インターネットへの接続例

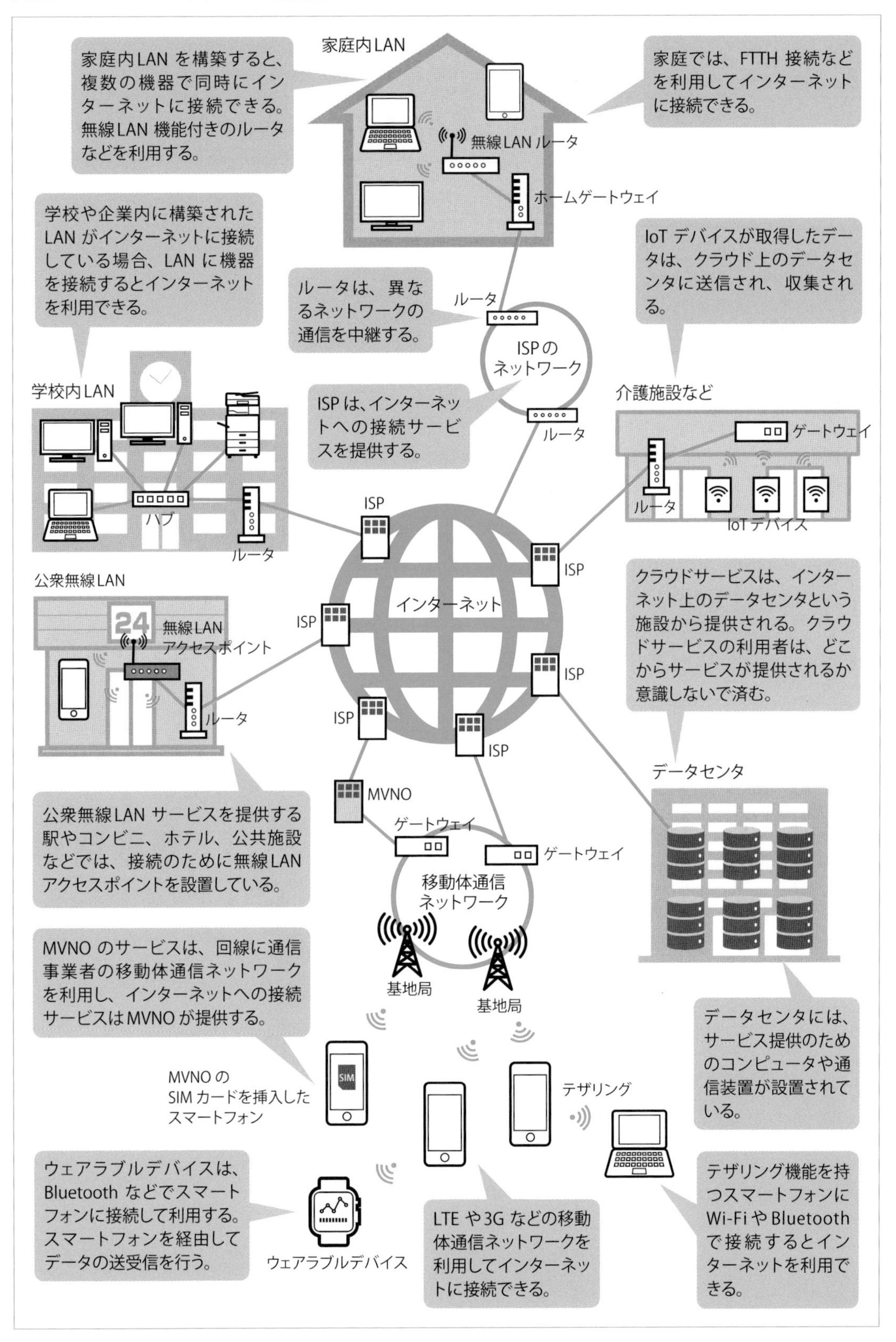

3-1 インターネット構成

2 インターネットの仕組み

インターネットを使う上で、仕組みを知っておくことは重要です。インターネット上でデータが届けられるために IP アドレスを利用するなど、ここでは、インターネットの基本的な仕組みについて学習します。

1 パケットとルータ

インターネットで送受されるデータは、取り扱いやすいサイズに分割してやり取りされます。分割されたデータの 1 つ 1 つのまとまりのことをパケットといいます。

複数のネットワークが互いに接続して成り立つインターネットでは、ネットワークからネットワークへとパケットが送信されていきます。異なるネットワーク間の通信を中継するのはルータ［用語*1］の役割です。ルータは、受け取ったパケットの宛先を見て、次にどの経路にパケットを転送すればよいか判断して送り出します（図表 3.1.2）。

用語*1

ルータ

ネットワークとネットワークの接続点に設置される中継装置。

図表3.1.2　パケットとルータ

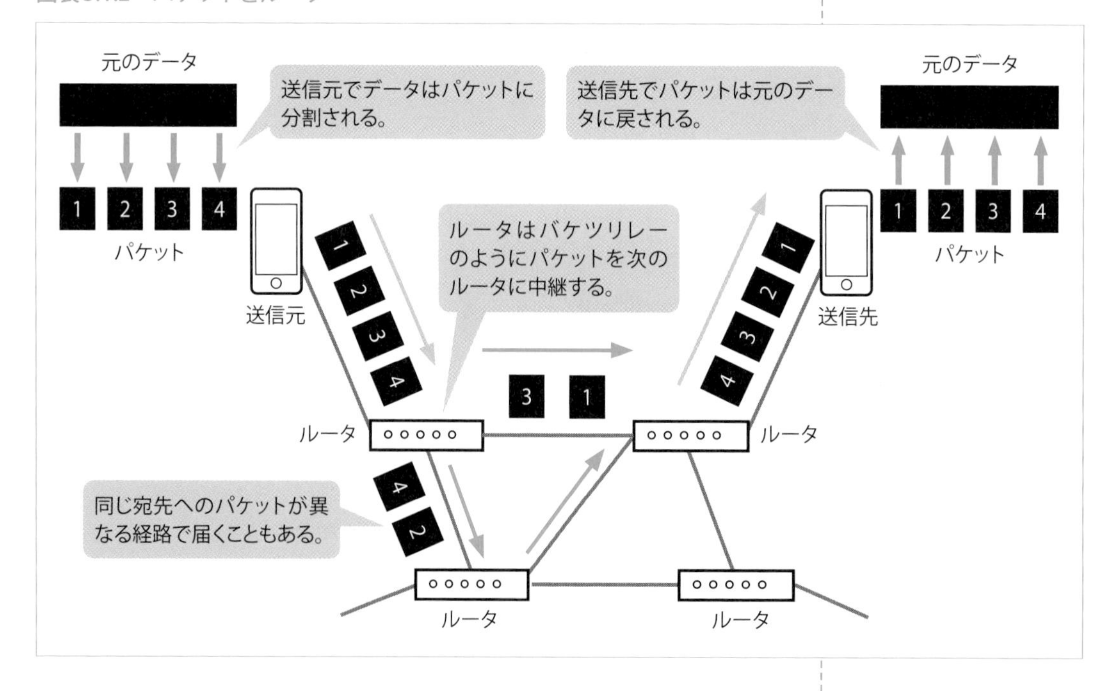

2 プロトコル

インターネットなどのネットワークでは、通信プロトコル［用語*2］という取り決め（約束ごと）に従ってコンピュータ同士が情報をやり取りします。インターネット上で通信を行うために利用されているプロトコル群がTCP/IP［用語*3］です。通信を行うコンピュータ同士は、TCP/IPに従って通信を確立します。

3 IP アドレス

インターネットにはたくさんのコンピュータがつながれています。そのため、インターネットを利用してほかのコンピュータとの通信を行うには、どのコンピュータにアクセスするかを明確にする必要があります。コンピュータを特定するための情報が、コンピュータごとに割り当てられたIPアドレスという番号です（図表3.1.3）。ルータがパケットを中継するために参照するのもIPアドレスです。

インターネット上のコンピュータに割り当てられるIPアドレスは一意である必要があり、このIPアドレスのことをグローバルIPアドレスといいます。グローバルIPアドレスに対して、LANに接続しているコンピュータに割り当てるIPアドレスをプライベートIP アドレス［用語*4］と呼びます。

図表3.1.3　宛先となるコンピュータを特定するためのIP アドレス

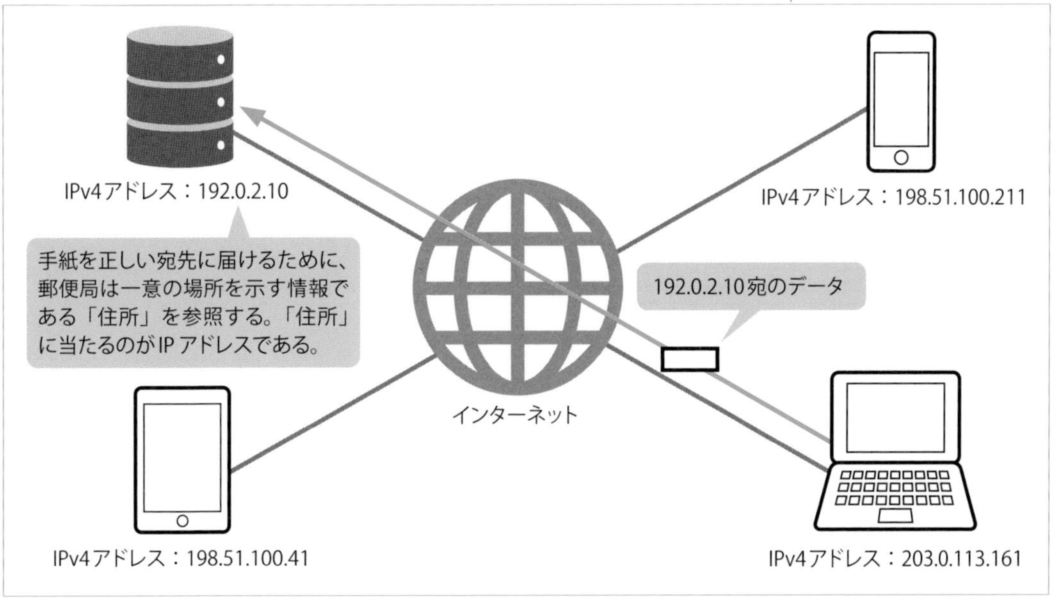

用語*2

通信プロトコル

通信に関連する一連の手順や形式を定めたもの。通信規約や、単にプロトコルともいう。

用語*3

TCP/IP

TCPはTransmission Control Protocol、IPはInternet Protocolの略。TCPとIPはそれぞれ、通信において中心的に利用されるプロトコル。

用語*4

プライベート IP アドレス

LANのように閉じられたネットワークの内部の通信に利用するIPアドレス。決められた範囲であれば自由に使うことができる。そのため、実際には同じプライベートIPアドレスを割り当てられたコンピュータが多数存在することになる。

■IPv4アドレスとIPv6アドレス

現在使われているIPアドレスには、IPv4アドレスとIPv6アドレスがあります［補足*5］。

IPv4アドレスは、2進数32ビットの数値で、8ビットを1つのブロックとして10進数に変換し、ドット（.）でつなぎ合わせた形式で表記します（図表3.1.4）。

図表3.1.4　IPv4アドレスの表記

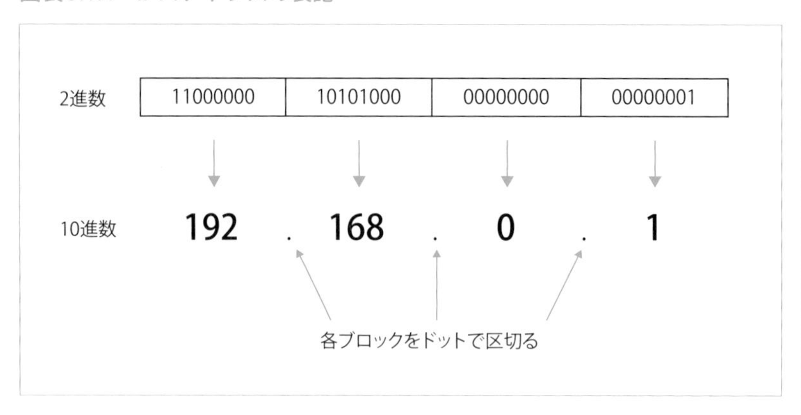

理論上は約43億通りのIPv4アドレス［補足*6］が存在しますが、インターネットに接続する機器の増加などから、IPv4アドレスだけでは数が足りなくなっています。そこで、新しいアドレス体系としてIPv6アドレスが利用されつつあります［補足*7］。

IPv6アドレスは、2進数128ビットの数値で、340兆の1兆倍の1兆倍というアドレスの範囲を持っています。16ビットを1つのブロックとして16進数に変換し、コロン（:）でつなぎ合わせた形式で表記します（図表3.1.5）［補足*8］。

補足*5

IPv4（Internet Protocol version 4）はIPのバージョン4、IPv6（Internet Protocol version 6）はIPのバージョン6。

補足*6

1ビットは0または1の2通りが表現できる。32ビットなので、2の32乗通りのIPアドレスが表現できる。

補足*7

IoTによりインターネットに接続する機器は今後ますます増加していくことが見込まれている。

補足*8

IPv6アドレスをそのまま表記すると長いので、0が連続している場合は省略して表記できる。たとえば、「2001:0db8:0:0:0:0:e351:39」であれば、途中の「0:0:0:0」を省略して「2001:0db8::e351:39」と表記できる。ただし、連続した0が2か所ある場合については、一方のみ（連続が長いほう、同じ場合は前に出てくるほう）省略可能。

図表3.1.5　IPv6アドレスの表記

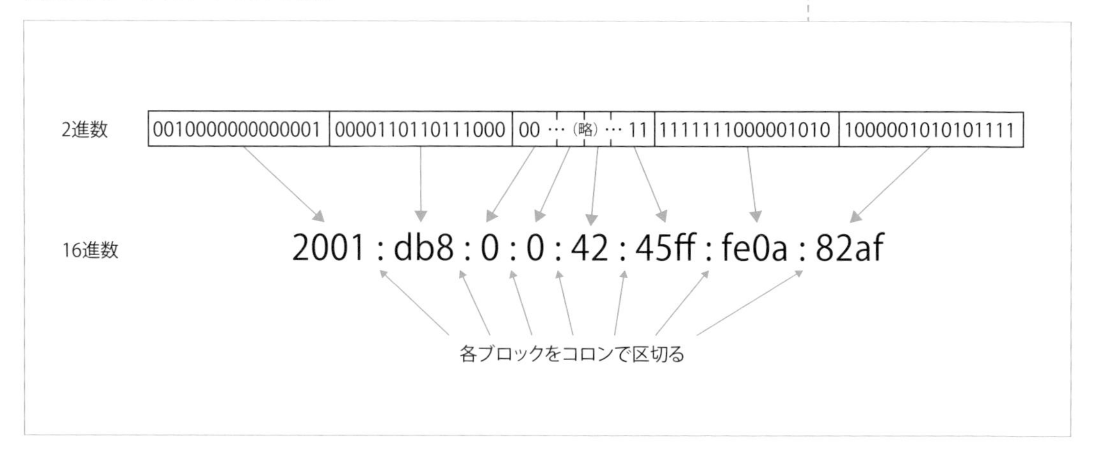

4 ドメイン名とホスト名

数字のブロックをつなぎ合わせたIPアドレスは覚えにくく、扱いづらい形式です。そこで、人が理解しやすいように、IPアドレスの代わりにアルファベットや数字、記号を使用した文字列で表すドメイン名を利用しています。

たとえば、日本国内のIPアドレスの管理を行うJPNICのWebサイトのIPアドレスは「192.41.192.145」ですが、ドメイン名で表記する場合は「www.nic.ad.jp」です。IPアドレスよりもドメイン名のほうが、何のサイトであるかがひと目でわかり、また覚えやすくなっています。

ドメイン名は後ろから順に、国名などを表す文字列、組織や団体の種別を表す文字列、組織や団体の名前、というように階層的な形式で表します（図表3.1.6）。たとえば、「example.co.jp」であれば、日本（jp）の会社組織（co）の「example」を表します［補足*9］。

また、Webサーバやメールサーバなど、1台のコンピュータを表すには、ドメイン名の前にホスト名を付けて表記します［補足*10］。

補足*9

co.jpは属性型JPドメイン名の1つで、日本国内で登記を行っている会社組織が登録できる。なお、国を問わずに使えるcomはcommercialという言葉から派生しているが、商用に限らず広く利用されている。

補足*10

ホスト名とドメイン名をあわせて記述する形式を完全修飾ドメイン名（FQDN：Fully Qualified Domain Name）という。

図表3.1.6　ドメイン名の表記方法

■ドメイン名とIPアドレスを関連付けるDNS

実際の通信では、宛先のドメイン名からIPアドレスを割り出して指定する必要があります。インターネット上のドメイン名とIPアドレスを関連付ける仕組みをDNS（Domain Name System）といい、ドメイン名から宛先のコンピュータのIPアドレスを知るための処理を名前解決といいます。名前解決を行うのはインターネット上に設置されたDNSサーバです（図表3.1.7）。この仕組みにより、一般のユーザはIPアドレスを意識せず、ドメイン名だけでインターネットを利用できます。

図表3.1.7　名前解決

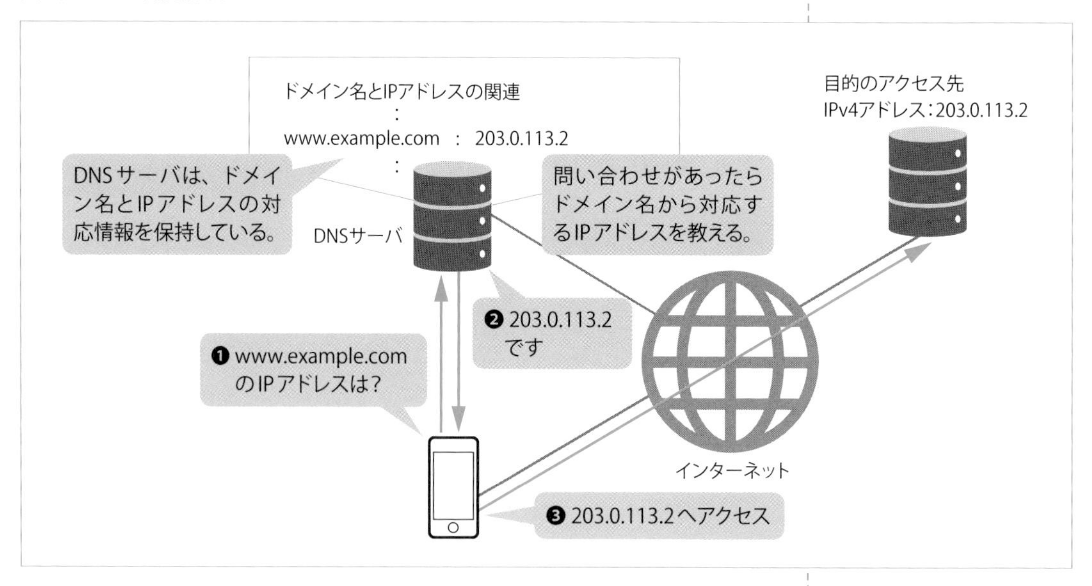

5 通信速度

ネットワーク上でデータが転送される速度を通信速度といいます。単位には、1秒間に転送されるデータの容量を表すbps［用語*11］を使用します。転送する容量を転送が完了するまでの時間で割ると通信速度を求めることができます。

通信速度（bps）＝転送容量（ビット）÷転送が完了するまでの時間（秒）

たとえば、100Mバイトのデータの転送を100秒間で完了した場合を考えます。1バイトは8ビットであり、100Mバイトをビットに変換するには8を掛ければよいので以下のようになります。

100Mバイト×8＝800Mビット

これを100秒で割ると通信速度を導き出せます。

800Mビット÷100秒＝8Mbps

なお、利用する機器から見て、インターネット側へデータを送ることをアップロード、インターネット側からデータを受け取ることをダウンロードといいます［補足*12］。

用語*11

bps
bit（容量）、per（割る）、second（時間）のそれぞれの頭文字を取ってbpsと表す。

補足*12

利用する機器から見て、インターネットへの通信の向きを「上り」、インターネットからの通信の向きを「下り」という。

3-2 インターネット接続

1 インターネットへの接続環境

私たちが日常的に持ち歩いているスマートフォンは、モバイルデータ通信やWi-Fiを利用したインターネット接続が可能です。ここでは、スマートフォンを例に、インターネットへの接続環境について学習します。

1 モバイル接続

スマートフォンのように無線による通信が可能で持ち歩きながら利用できる電子機器をモバイル機器といい［補足*1］、モバイル機器を利用して移動中や外出先などでインターネットに接続することをモバイル接続といいます。モバイル接続の利用により、外出先のレストラン、カフェ、ホテル、空港、移動中の電車などさまざまな場所でインターネットに接続することができます。

モバイル接続では、LTEなどの移動体通信ネットワークや公衆無線LANを利用してインターネットに接続します。

補足*1
モバイル機器、モバイル端末などさまざまな呼び名がある。スマートフォンのほかに、タブレット、小型のノートPC、モバイルルータもモバイル機器に含まれる。モバイル（mobile）の本来の意味は、「動きやすい、移動性の」。

■移動体通信ネットワークの利用

NTTドコモ、KDDI、ソフトバンクなどの移動体通信事業者［補足*2］が、LTEなどの通信方式を利用して移動体通信ネットワークを構築し、これを利用する接続サービスを提供しています（図表3.2.1）。

補足*2
通信キャリアや単にキャリアと呼ぶことがある。

図表3.2.1　移動体通信ネットワークを利用したインターネット接続例

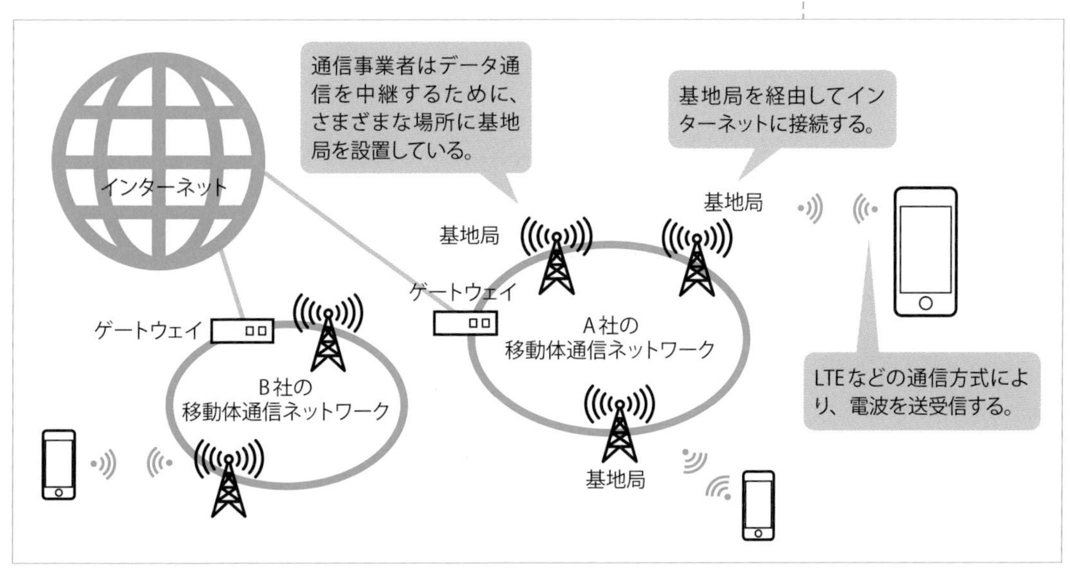

• SIMカード

スマートフォンにSIMカードというICカードを挿入すると、LTEや音声通話の利用が可能になります［補足*3］。サービスの加入者を特定するために、ICの部分に携帯電話番号と結び付けるための固有のIDなどを記録しています。

事業者によっては、スマートフォンを販売して、それに挿入して利用できるSIMカードを自社のものに制限しています。これをSIMロックといいます［補足*4］。これに対し、利用できるSIMカードの事業者に制限がないことをSIMフリーといいます［補足*5］。

• アクセスポイント名（APN）

移動体通信ネットワークを経由してインターネットへ接続する場合、利用する通信事業者設備を識別するためにAPN（Access Point Name：アクセスポイント名）の設定が必要です（図表3.2.2）［補足*6］。APNは、事業者のサービスごとに異なります。

図表3.2.2　APNの設定例（OCNモバイルONEの場合）

項目	値
APN	lte.ocn.ne.jp
ユーザ名	mobileid@ocn
パスワード	mobile
MCC（または携帯国番号）	440
MNC（または通信事業者コード）	10
認証タイプ	CHAP（推奨）

APNのほかに接続に必要な情報を設定する必要がある。

• 海外での利用

国内で利用しているスマートフォンを海外で利用することを国際ローミングといいます。契約する接続サービスが現地の通信事業者と提携していると、その事業者の通信エリア内で利用することができます（スマートフォンが現地の通信規格に対応している必要がある）。SIMフリーの場合は、現地の通信事業者が提供する通信サービスを利用することもできます［補足*7］。

補足*3

SIMカードのサイズには標準、micro、nanoがあり、スマートフォンによって利用できるサイズが異なる。このほか、端末に組み込まれたeSIMもある。

補足*4

SIMロックされていても、一定の手続きを経ることでSIMロックを解除する（SIMフリーにする）ことができる。なお、SIMロック解除への対応は通信事業者や機種により異なる。また、SIMロックを解除しても、販売事業者固有の仕様が端末に残ることがある。

補足*5

日本国内で利用するスマートフォンなどは電波法により定められた技適マークが付いている。国外で取得したSIMフリー機器は、技適マークが付いていないことがあり、これを国内で利用すると法律違反となる場合がある。

補足*6

通常、通信事業者が販売する端末にはAPNがあらかじめ設定されていて、利用時にAPNを意識する必要はない。SIMフリーのスマートフォンなどを利用する場合は、契約する事業者の指定するAPNを設定する。iOS（iPadOS）搭載端末ではAPN構成プロファイルが事業者から提供されるので簡単にAPN設定を行うことができる。

補足*7

現地の事業者が提供するSIMカードに入れ替え、APNを設定して利用する。国際ローミングより安価な場合が多いが、サービスを利用するには、通信規格、周波数帯域、SIMカードのサイズなどの確認が必要である。Apple SIMやGoogle Fiといったグローバルな通信サービスも提供されている。

■MVNOの利用

モバイル接続のサービスを提供する事業者には、MNO（Mobile Network Operator：移動体通信事業者）とMVNO（Mobile Virtual Network Operator：仮想移動体通信事業者）がいます。MNOは、サービス提供に必要な無線設備を自社で所有し、サービスを提供します。国内のMNOには、NTTドコモ、KDDI（au）、ソフトバンクなどがあります［補足*8］。MVNOは、MNOから設備を借りてサービスを提供します（図表3.2.3）。ほかのMVNOに通信サービスを卸すなどの事業支援を行うMVNE（Mobile Virtual Network Enabler）という事業者も存在します。MVNOによるLTEのデータ通信サービスは非常に多く、IIJmio、OCNモバイルONE、mineoなどがあります［補足*9］。

補足*8
2018年に楽天モバイルが電波の割り当てを受け、MNOとなった（本格的な商用サービス提供は2020年4月より開始予定）。

補足*9
MVNOはデータ通信料を抑えるなどMNOと異なる料金体系のサービスを提供している。

図表3.2.3　MVNOを利用したインターネット接続例

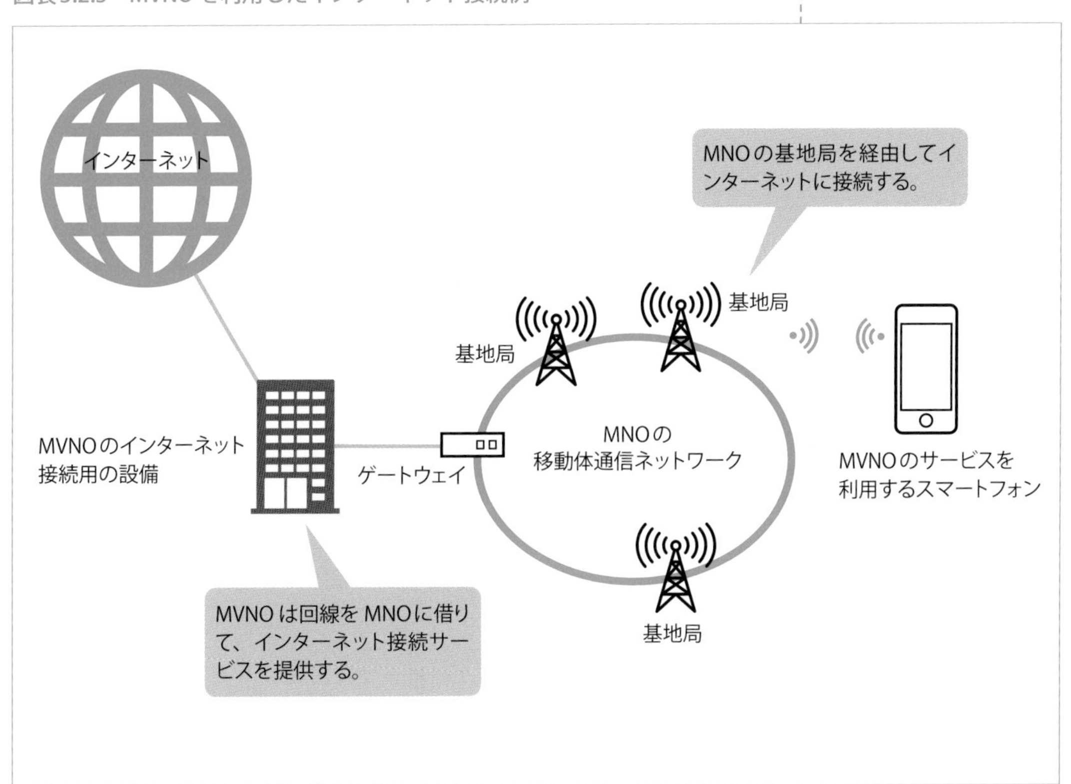

■モバイルルータの利用

モバイルルータは、モバイルによるデータ通信を行うためのルータです。モバイルルータを親機として、パソコンなどの子機が移動体通信ネットワークを介してインターネットに接続できるようにします（図表3.2.4）［補足*10］。

補足*10
Wi-Fiでつなぐものはモバイル Wi-Fiルータともいう。別売りのクレードルなどを利用してLANケーブルやUSBでつなぐことのできるモバイルルータもある。

図表3.2.4　モバイルルータを利用したインターネット接続例

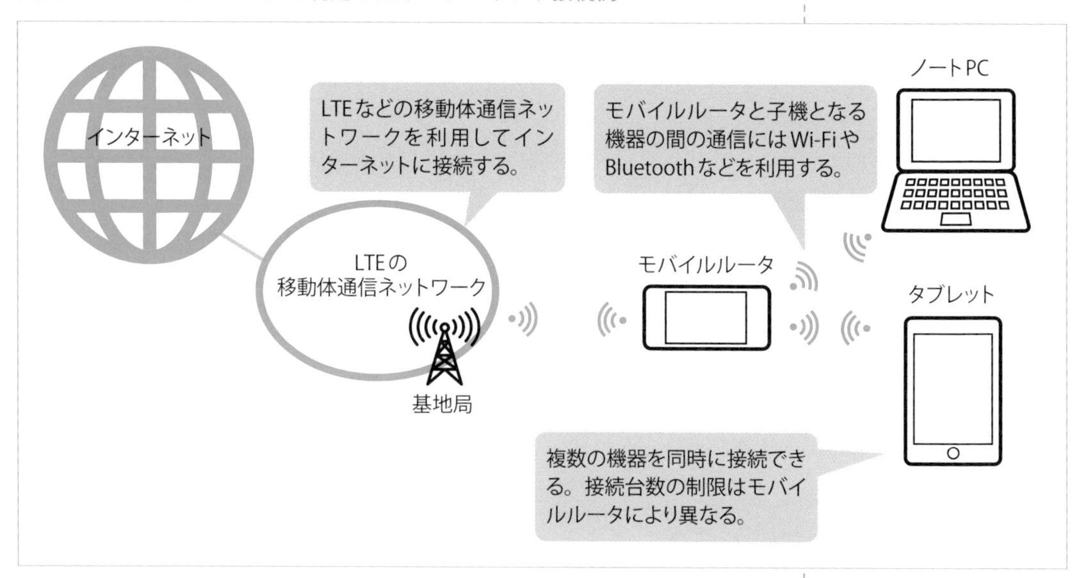

■テザリングの利用

スマートフォンをモバイルルータの代わりに利用してインターネットに接続する機能がテザリングです（図表3.2.5）［補足*11］。親機となるスマートフォンと子機となる機器の接続には、Wi-FiやBluetooth、USBを利用します。

補足*11

テザリングは、英語のtether（＝つなぎとめる）という単語から生まれた言葉。iPhoneでは、「インターネット共有」という名称で、テザリングが利用可能。

図表3.2.5　テザリングを利用したインターネット接続例

■公衆無線LANの利用

公衆無線LANとは、無線LAN（Wi-Fi）技術（無線LANについては後述）を利用してインターネットに接続できるサービスで、駅、空港、ホテル、ファストフードショップ、コーヒーショップ、コンビニなどの公共の場所で提供されています（図表3.2.6）。施設の利用者向けのサービス、ISPや移動体通信事業者の契約ユーザ向けのサービスなど、サービス形態はさまざまです。

多くの公衆無線LANでは、無線LANへアクセスしたユーザに対し、Webブラウザなどで認証画面を表示し、指定のID、パスワードを入力させせることでインターネットへの接続を許可しています［補足*12］。

海外でも多くの国が、公共施設や宿泊施設、商業施設などで、無料で利用できる公衆無線LANサービスを提供しています［補足*13］。

補足*12

このような仕組みをキャプティブポータルという。キャプティブポータルのほかに、SNSのアカウントで認証する方式、SIMカードで認証する方式なども利用されている。

補足*13

旅行者向けにパスポートの提示でIDとパスワードを発行してくれる国もある。

図表3.2.6　公衆無線LANを利用したインターネット接続例

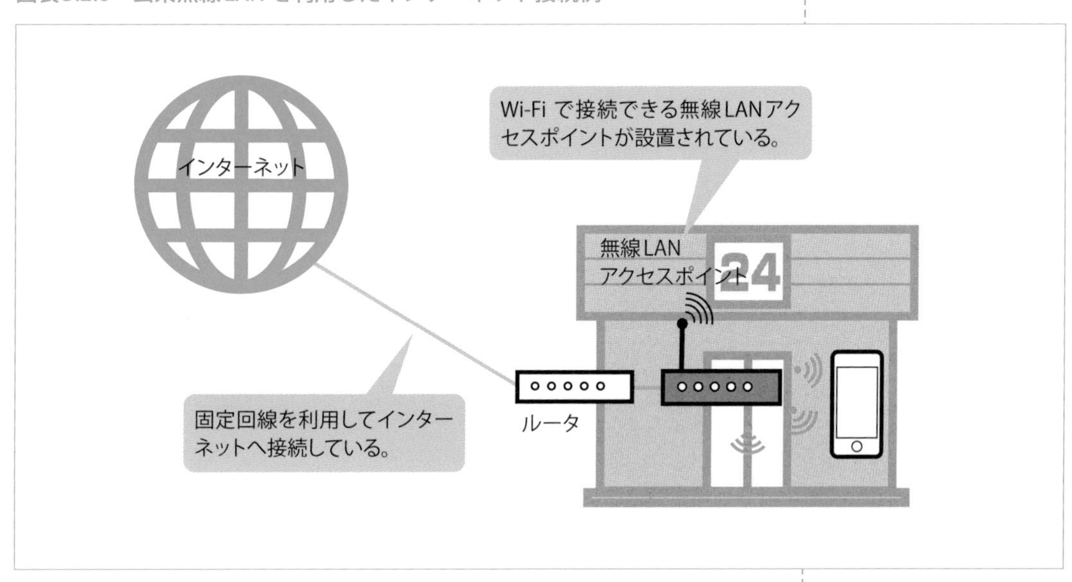

2 LANを利用した接続

FTTHなどの固定回線を利用してインターネットへ接続できる環境では、LANというネットワークを構築して複数の機器を同時にインターネットへ接続させることがよく行われます。

LAN内の通信には、無線LAN（Wi-Fi［用語*14］）と有線LANがあります（図表3.2.7）。LANは、学校や会社などさまざまな場所に構築されていて、近年は、ケーブルが不要で接続が容易なことから無線LANが増えています。家庭内でもルータなどを導入してLANを構築することができます。

用語*14

Wi-Fi

Wireless Fidelityの略で、「ワイファイ」と読む。無線LAN機器の普及団体Wi-Fi Allianceが、一定の基準で認定したことを示す名称。認定した機器には、Wi-Fiのロゴを付けることが認められる。

図表3.2.7　LANを利用したインターネットへの接続例

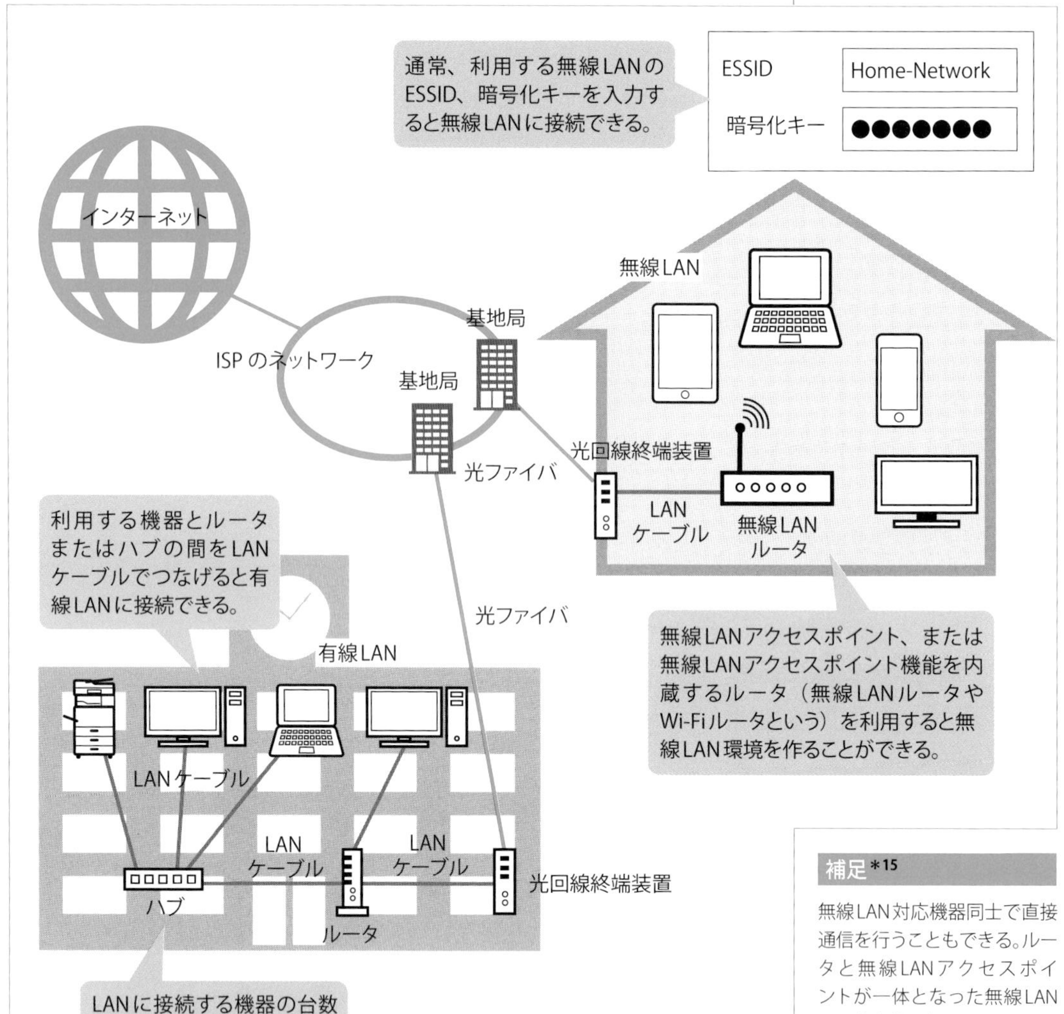

■無線LAN（Wi-Fi）の利用

無線LANでは、親機となる無線LANアクセスポイントが、Wi-Fi機能（無線LANアダプタ機能）を搭載した機器（子機）間の通信やルータへの接続を中継します［補足*15］。無線LANを利用するには、接続するアクセスポイントをESSID（Extended Service Set Identifier）というネットワーク名で指定します［補足*16］。多くの無線LANではセキュリティのためにWPA2などの暗号化方式を利用しているので、ESSIDと一緒に暗号化キー［用語*17］を入力します。

補足*15

無線LAN対応機器同士で直接通信を行うこともできる。ルータと無線LANアクセスポイントが一体となった無線LANルータも普及している。

補足*16

ESSIDは無線LANのアクセスポイントを識別するために使用する。SSIDと表示されていることもある。

用語*17

暗号化キー
電波は傍受しやすく通信内容が盗聴されやすい。これを防ぐために無線LANでは暗号化方式を利用する。暗号化キーは暗号化と復号を行うための鍵。機器やOSにより、パスワード、パスフレーズ、ネットワークセキュリティキーなどの名称が使われている。

• 無線LANの構築

屋内にインターネットに接続するためのLANコネクタがある場合は、無線LANアクセスポイント機能を持つルータ（無線LANルータともいう）を接続することで、インターネットへ接続する無線LAN環境を構築できます（図表3.2.8）。FTTHを使ったインターネット接続の場合、光回線終端装置やVDSL宅内装置などが提供されるので、これに無線LANルータを接続します［補足*18］。

補足*18
通常は、ルータ機能を持つホームゲートウェイというネットワーク機器が提供される。詳細については、「3-2-2 ISPまでの回線」を参照。

図表3.2.8　無線LANの構築例

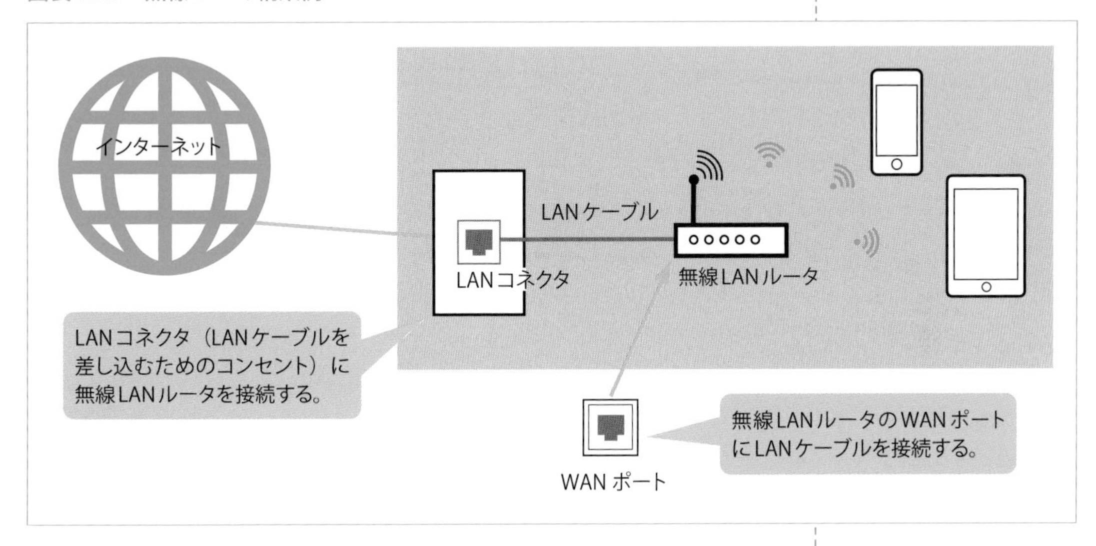

• 無線LANの規格

無線LANで最も普及している規格がWi-Fiという名前で知られているIEEE 802.11シリーズです。通信方式の違いにより複数の規格があり［補足*19］、親機と子機が同じ規格に対応している必要があります。無線LANの規格によっては、使用する無線周波数帯域と同じ帯域を家電や電子機器が使用するので、混信やノイズの影響を受けて伝送速度が低下することがあります。また、親機と子機の間にある障害物や距離による影響を受けることもあります［補足*20］。

■ LANケーブルの利用

LANポートがある機器は、LANケーブルを使った有線LANを利用することができます。LANポートを内蔵していない機器でも、外付けで利用できる場合があります。ルータまたはハブのLANポートにLANケーブルを挿すことで機器を接続します。

補足*19
IEEE 802.11シリーズの規格には、周波数に2.4GHz帯を利用するIEEE 802.11b/g、5GHz帯を利用するIEEE 802.11a/ac、両方を利用するIEEE 802.11n、60GHz帯を利用するIEEE 802.11adなどがある。最大通信速度は規格に依存し、IEEE 802.11nは最大600Mbps、IEEE 802.11acは最大6.9Gbpsと高速化が進んでいる。

補足*20
無線電波は、理論上、見通しのよい場所であれば数十〜百数十メートルは届く。ただし、壁や障害物があると届く距離は短くなる。

3-2 インターネット接続

2 ISPまでの回線

インターネットへ接続するには、データ通信を行うための回線と、ISPが提供するインターネット接続サービスの利用が必要です。ここでは、ISPの役割とISPまでのアクセス回線について学習します。

1 ISP

ISP（Internet Service Provider：インターネットサービスプロバイダ）は、インターネットというネットワークとの相互接続サービスを提供するプロバイダ（サービス提供事業者）です。インターネットを利用したいユーザは、ISPと契約し、ISPのネットワーク［補足*1］を介してインターネットに接続します。ISPのネットワークまでは通信事業者が提供するアクセス回線を利用します（図表3.2.9）。アクセス回線には有線を利用するものと無線を利用するものがあります。

インターネット接続サービスは、一般に、月額定額制で提供されています。ISPは、インターネット接続サービスのほかに、IP電話、電子メール、動画配信、オンラインストレージ、セキュリティ対策、公衆無線LANなど、さまざまなオプションサービスを提供しています。なお、オプションサービスの内容はISPによって異なります。

補足*1
ISPのネットワークはインターネットの一部であり、ほかのISPネットワークとも相互に接続している。

図表3.2.9　ISPのサービス提供の形態

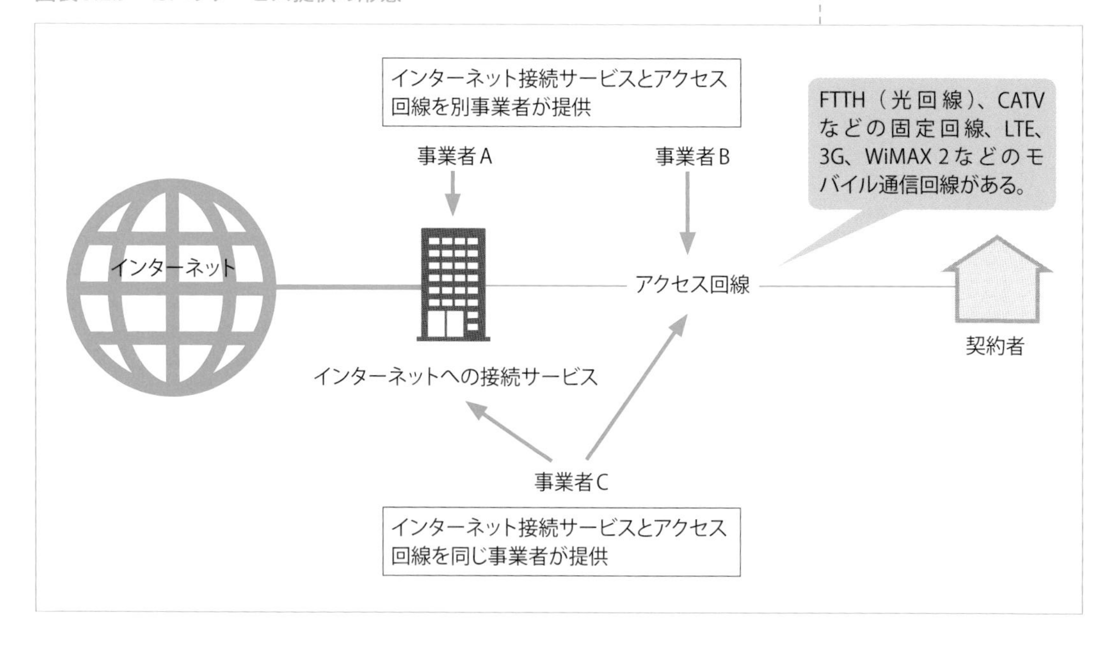

2 FTTH接続

有線（固定回線）を利用するアクセス回線は、高速かつ大容量の通信が可能です。最も普及しているのがFTTH接続［用語*2］です。

FTTH接続は、光ファイバを利用します。光ファイバはプラスチックなどのケーブル内に光信号を伝送して通信を行うケーブルです。電話回線などに利用されているメタル（金属）回線と比べて空気中の雑音電波（ノイズ）の影響を受けづらく、高速通信に適しています。距離による光信号の減衰も少ないため、中継局から距離が離れていても安定した通信を行うことができます。光ファイバを使用する通信を光通信、回線を光回線ともいいます。

国内のFTTH接続サービスの提供エリアは拡大し、ほとんどの地域をカバーしていますが、一部配線されていない地域もあります。また、マンションなどの集合住宅の場合、建物の構造や規約により利用できないことがあります。

光ファイバが伝送する光信号は、光回線終端装置（ONU）［用語*3］により電気信号に変換されます（図表3.2.10）。

用語*2

FTTH
FTTHはFiber To The Homeの略で、家庭（Home）向けの光ファイバ通信のこと。

用語*3

光回線終端装置
光信号と電気信号を変換する装置で、光ネットワークユニット（ONU：Optical Network Unit）と呼ばれることもある。光回線終端装置は回線事業者から提供されるので、購入する必要はない。なお、通常は、回線事業者からルータ機能などを持つホームゲートウェイというネットワーク機器が提供され、ホームゲートウェイが光回線終端装置の機能を内蔵している。

図表3.2.10　FTTHの一般的な接続形態

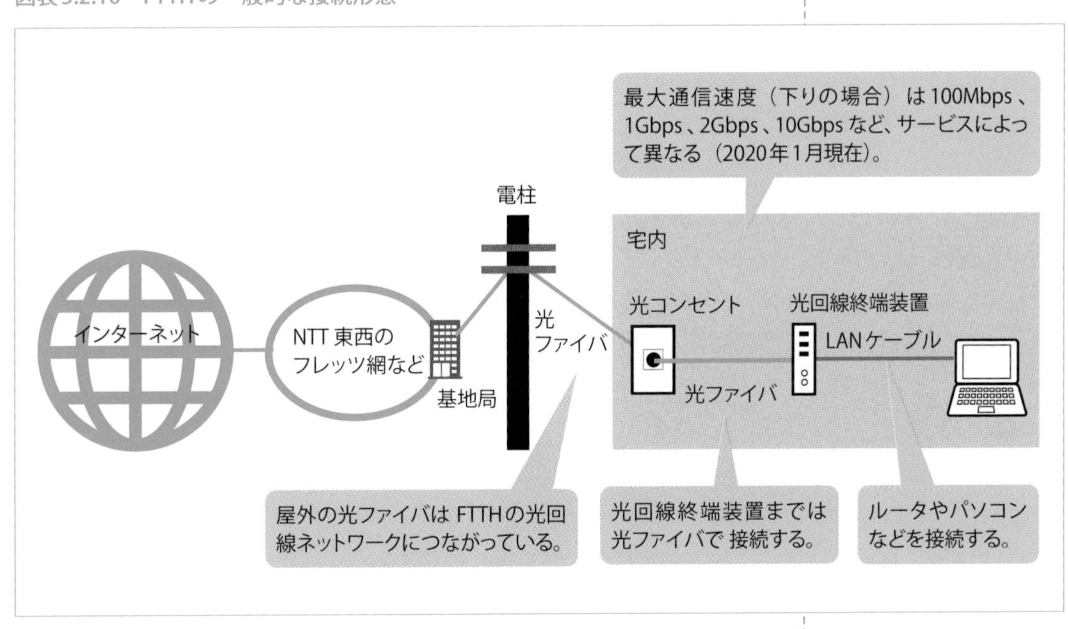

一戸建て住宅の場合は、宅内に光ファイバを引き込みます［補足*4］。マンションのような集合住宅では、共有部まで光ファイバを配線し、共有部から各戸までは、光配線方式、LAN配線方式、VDSL方式のいずれかの方式で配線します（図表3.2.11）［補足*5］。

補足*4
光ファイバを引き込む工事が必要となる。

補足*5
集合住宅にFTTHを新たに導入するには管理組合や所有者などの承諾が必要になる。

・VDSL方式

VDSL（Very high-bit-rate Digital Subscriber Line）は、集合住宅内などで電話回線を利用して高速通信を行う方式です。電話の音声信号が使わない高い周波数帯域を利用して通信を行います。電話回線を利用するのは共有部から各戸までの短い距離なので、後述するADSLよりも高速な通信を行うことができます。

VDSL方式で一般加入電話を併用する場合、電話機からの雑音が通信に影響を及ぼさないようにするためのインラインフィルタを利用します［補足*6］。

補足*6
現在、インラインフィルタの機能はVDSL宅内装置に内蔵されている。

▼インラインフィルタとVDSL宅内装置が別々の場合の接続

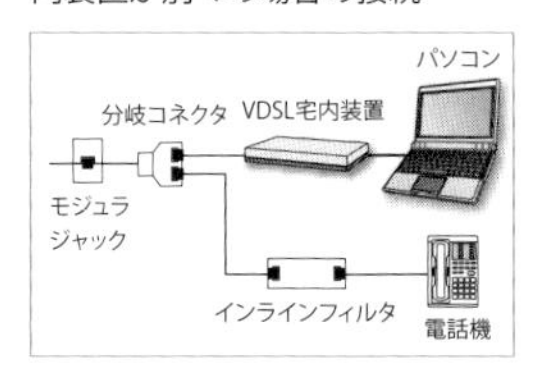

■FTTH接続以外の有線接続

固定回線を利用する接続には、ケーブルテレビの回線を利用するCATV、電話回線（メタルケーブル）を利用するADSLもあります。

・CATV接続

CATV接続とは、テレビの有線放送のケーブル網を利用したインターネット接続サービスです。CATV接続には、ケーブルモデムを使用します（図表3.2.12）［補足*7］。

補足*7
ケーブルモデムは契約CATV会社から提供されるので、購入する必要はない。また、ケーブルモデムの設置工事が必要な場合がある。

・ADSL接続

ADSL（Asymmetric Digital Subscriber Line）は、一般の電話回線（メタルケーブル）を利用して高速通信を行う方式です。電話の音声信号が使わない高い周波数帯域を利用して通信を行います［補足*8］。ADSL接続にはADSLモデムを使用します。また、電話の音声と通信データを分けるにはスプリッタを利用します。通信速度は、下り最大50.5Mbps、上り最大12.5Mbpsです（2020年1月現在）。

各社のADSL 接続は、ほとんどの地域で新規申し込みの受付を終了しており、サービスは終了する予定です。

補足*8
電話回線は雑音電波の影響を受けやすく、中継局と距離が離れている場合や、途中に発電所や高圧塔、無線施設、鉄道、高速道路といった雑音の発生源がある場合は、通信速度が遅くなる傾向がある。

図表3.2.11　集合住宅におけるFTTHの接続例

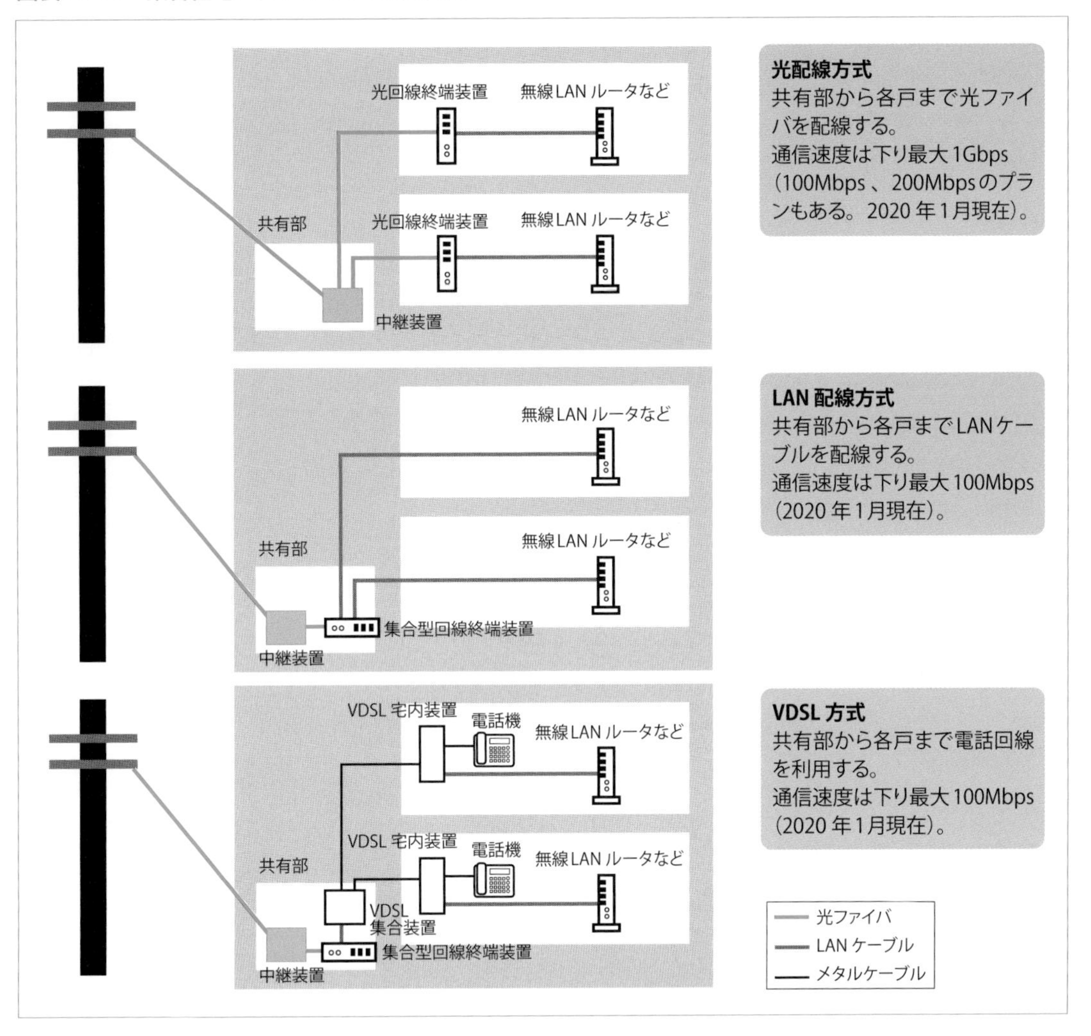

図表3.2.12　CATVの一般的な接続形態

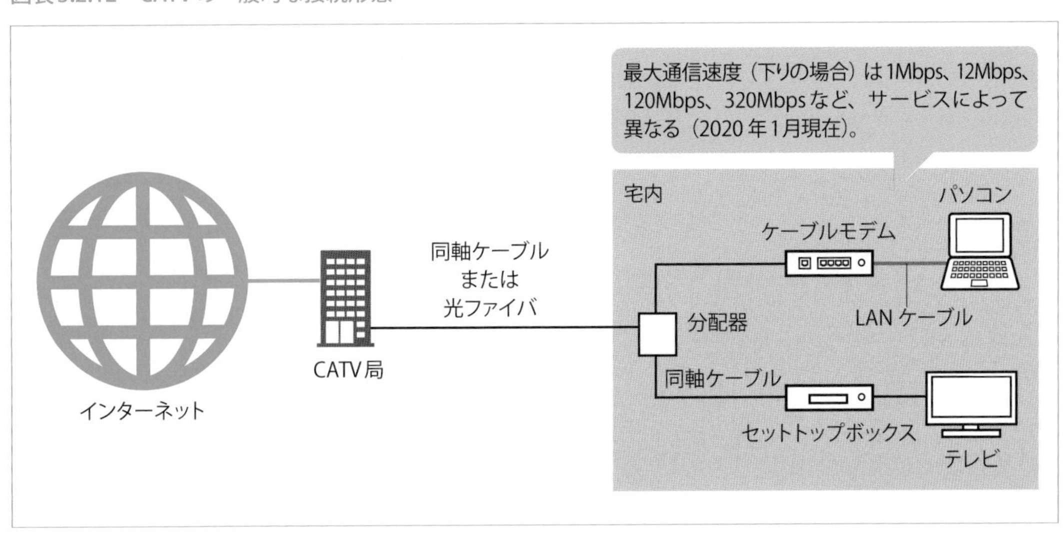

3 移動体通信ネットワーク

移動体通信ネットワークは、モバイルによるインターネット接続を可能にします。通信方式には、LTEや3G、モバイルWiMAXと後継規格のWiMAX 2などがあります。

■LTE、LTE-Advanced

LTE（Long Term Evolution）は、4G（第4世代移動通信システム）に分類される通信方式で、高速かつ通信エリアの広さが特長です［補足*9］。サービス提供エリアや対応機種によって異なりますが、規格上は下りで37.5Mbps、75Mbps、100Mbps、150Mbps、300Mbpsといった高速の通信が可能です。LTE-AdvancedはLTEの後継規格として登場し、規格上は下り3Gbpsとさらに高速です。

LTEは高速通信であるため、データ通信量が多くなりがちです。そのため、各社は、通信量を問わず一定の料金のみが発生する固定料金プランを用意しています。通信事業者によっては固定料金プランへの加入が必須となる場合もあります。固定料金プランでは通信料金は定額である一方で、一定以上の通信量を超えた場合、データ通信速度を制限されます［補足*10］。

・LTEを利用した音声通話

LTEのネットワークを音声通話に利用するVoLTEという技術の利用により高品質の音声通話が可能です［補足*11］。

・LTEが利用する周波数帯域

国内のLTEで使用される周波数帯域［用語*12］は700MHzから900MHz（800MHz前後）、1.5GHz帯、1.7GHz帯、2GHz帯です。このうち、800MHz前後の帯域は、障害物があっても電波が回り込みやすく、高い周波数帯に比べて電波が届きやすいことから「プラチナバンド」と呼ばれています。

・プライベートLTE

企業などが、LTEを利用して、限定されたエリアに無線通信ネットワークを構築するプライベートLTEの利用が広がっています。プライベートLTEでは通信事業者の設備を利用せず、自前で通信に必要な基地局などを設置します。Wi-Fiと比べるとノイズの影響が少なく、SIMカードを使った認証で通信の安全性をより高めています。

補足*9

LTEは携帯電話で利用されていた通信方式3G（第3世代移動通信システム）の後継規格として生まれ、厳密には3.9G（第3.9世代移動通信システム）に区分される。

補足*10

たとえば、NTTドコモでは、月内のデータ通信量の総量が利用可能データ量を超えると、月末まで下り最大通信速度が128kbpsに制限される。通信速度制限の対象になった場合、追加オプションの購入により通常速度に戻すこともできる。

補足*11

携帯電話では3Gを利用した通話を行っていたが、コーデック（音声をデジタル化する符号化方式）が進化したLTEを利用することにより、3Gより高音質な通話が可能となった。

用語*12

周波数帯域
周波数帯域は、電波が利用する周波数の範囲のこと。周波数帯域のことをバンドということもある。

■3G

3G（第3世代移動通信システム）は、スマートフォンが普及する前に携帯電話で利用されてきたモバイル接続のための通信方式です。通信速度は徐々に向上しましたが、NTTドコモのFOMAハイスピードで下り最大14MbpsとLTEと比べると低速です。3Gのメリットは、つながるエリアの広さでしたが、LTEのネットワークが広がり、NTTドコモ、au、ソフトバンクの通信事業者は3Gサービスの終了を発表しています。

■5G

4Gの後継規格である5G（第5世代移動通信システム）は、2020年にサービス提供が開始される通信方式です。5Gの特徴は、高速かつ大容量、遅延が少ない、多数の端末との接続が同時に可能であることです。IoTを始めさまざまな分野での活用が期待されています。

■移動通信システムの通信速度の向上

アナログ音声通話の1G（第1世代移動通信システム）に始まり、新たにサービス提供が始まる5Gまで、移動通信システムの通信速度は大幅に向上しました（図表3.2.13）。

図表3.2.13　移動通信システムの進化

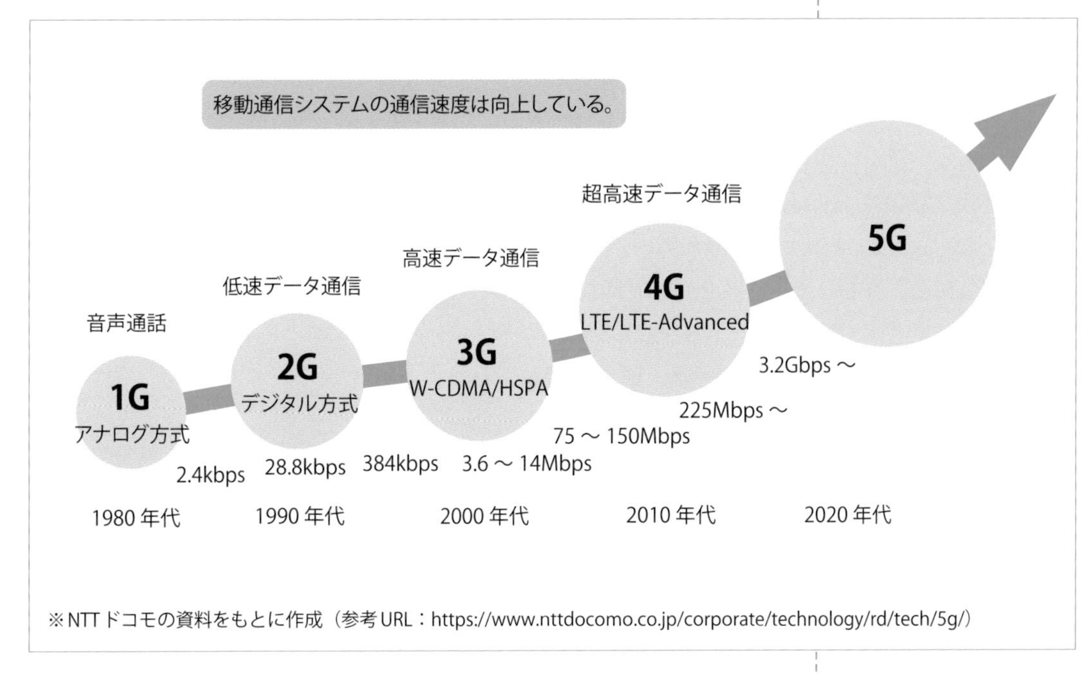

※NTTドコモの資料をもとに作成（参考URL：https://www.nttdocomo.co.jp/corporate/technology/rd/tech/5g/）

コラム●5Gでできるようになること

2019年秋に行われた世界的なスポーツイベントにて、5Gのプレサービスが提供されました。スタジアムでは観客が、ライブ観戦しながら同時にマルチアングル（複数の方向から）の映像の視聴を楽しみ、ライブビューイング会場では高精細映像や音声などが遅延1秒未満のリアルタイムで伝送され、参加者は迫力ある試合観戦を体験しました。

5Gが普及すると、こうしたスポーツ観戦やコンサートなどにおいて、大容量のデータ通信が必要なマルチアングル映像やVRを使った3D映像などさまざまな形で楽しむことができるようになります。また、より高いリアルタイム性が求められるオンラインゲームでは、百人単位のユーザが一斉に同一のゲームで対戦しても遅延のないプレイが可能になります。教育シーンでは、5Gにより、ARやVRを使った教材で臨場感のある学習体験ができるようになります。

研究開発が進む自動運転においては、周辺の車両、歩行者や障害物、道路の状態、天気などさまざまな情報をリアルタイムに通信することにより安全な走行を目指します。危険を回避するためには遅延のない通信が求められ、ここでも5Gの活用が期待されています。

5Gの活用分野の1つが遠隔医療です。遠隔診断では5Gによる高精細な診断映像の送信により、より高度な医療の提供が可能になります。医師が手術ロボットを遠隔操作する遠隔手術では、5Gの導入により操作の遅延が解消され、より安全な治療が可能になります。

5Gは今後普及が進み、利用が拡大していきますが、通信速度1Tbpsを目指す5Gの次世代通信規格6G（Beyond 5G）の研究開発がすでに始まっています。NTTを始めとした各社が6Gの2030年の実現を目指しています。また、NTTでは、発信元から受信先までのすべての通信を光で行う技術の開発も進めています。現在は通信の多くが電気信号を介して行われていますが、光に置き換わることにより、超大容量かつ超低遅延な伝送が実現します。

■モバイルWiMAX、WiMAX 2

1つの基地局からの電波到達範囲が広い、WiMAX 2［用語*13］という通信方式も利用されています。2020年1月現在、日本でWiMAX 2を提供している事業者はKDDIグループのUQコミュニケーションズです［補足*14］。同社の提供するWiMAX 2+は、通信速度が下り最大440Mbpsです。

用語*13

WiMAX 2
IEEE 802.16eという通信規格を利用したモバイルWiMAX（ワイマックス）の後継規格。WiMAX 2はIEEE 802.16mという通信規格を利用している。モバイルWiMAXは3G、WiMAX 2は4Gに区分される。

補足*14

UQコミュニケーションズのほかにもauなどがMVNOとしてUQコミュニケーションズの通信ネットワークを利用したWiMAXサービスを提供している。

1 Webの仕組み

インターネット上では、WWWまたはWebと呼ばれる仕組みで文書を公開したり閲覧したりします。ここでは、WWWで利用されるWebページ、Webブラウザの基本的な仕組みについて学習します。

1 WWW

インターネット上にはさまざまな情報が公開されています。これらの情報は、クモの巣（英語でweb）をたどるように次々と閲覧することができます。そのことから、インターネット上の情報を閲覧する仕組みのことを、「世界中に張りめぐらされたクモの巣」という意味でWWW（World Wide Web）またはWebといいます。

関連する別の文書にジャンプするために、文書の中に埋め込む情報とそれによって成り立つ仕組みをハイパーリンクといいます（図表3.3.1）。参照先の文書はURL［用語*1］を利用して指定します。

用語*1

URL
Uniform Resource Locator の略。Webページが保存されている場所を示すために使用される。インターネット上でWebページを参照する場合のURLは「http://」、「https://」から始まる。Webブラウザのアドレスバーでは「http://」、「https://」を省略表示していることが多い。

図表3.3.1　ハイパーリンク

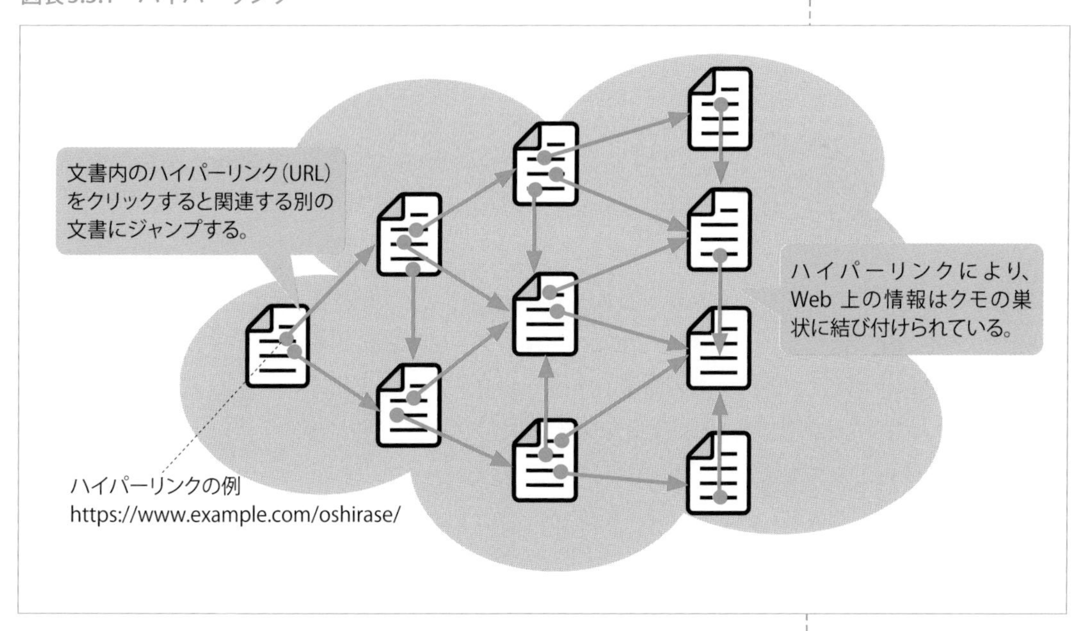

Webで公開している文書の1つ1つをWebページといい、Webサーバというサーバコンピュータ（またはソフトウェア）が提供しています。Webに関連するサービスを提供するWebサーバに対し、サービス

の利用を要求する側のクライアントソフトがWebブラウザです。クライアントとサーバ［用語*2］の関係にあるWebブラウザとWebサーバは、HTTPまたはHTTPS［用語*3］という通信プロトコル［用語*4］に従って通信を行います（図表3.3.2）。

通常、1つのWebサーバでは関連する内容の複数のWebページを提供しており、このまとまりをWebサイトといいます。

用語*2

クライアント、サーバ
インターネットなどのネットワーク上で、サービスを提供する側のコンピュータやソフトウェアをサーバといい、サービスを利用する側のコンピュータやソフトウェアをクライアントという。

図表3.3.2　Webページ閲覧の仕組み

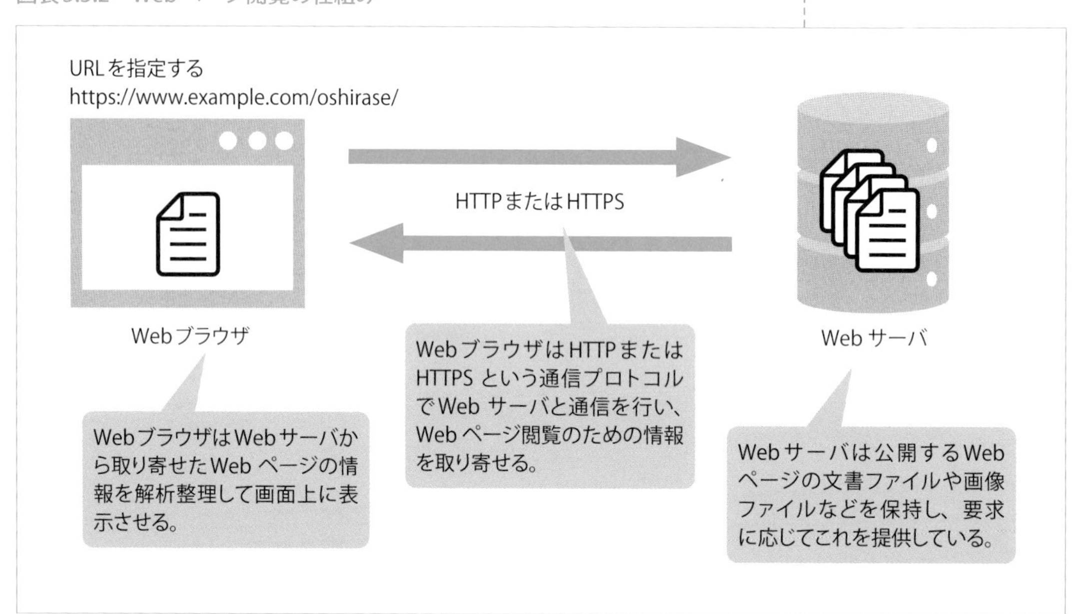

2 Webページ

Webページは、HTML（HyperText Markup Language）という言語で記述します。HTMLで記述したファイルに、Webページに表示するコンテンツ（文字情報）および文書の構造、ハイパーリンクなどを指定します。Webページに画像や動画などのコンテンツも含めて表示する場合は、その埋め込み方法も記述します。

HTMLは、W3C［用語*5］という組織が規格を策定しており、最新のバージョンはHTML5です。HTML5により、それ以前のバージョンではAdobe Flash［用語*6］などのプログラムを呼び出さないと再生できなかったアニメーションや動画など動きのあるコンテンツを、Webブラウザだけで表示できるようになりました。

現在公開されている多くのWebページの記述には、HTMLにあわせてCSS、JavaScriptという言語も利用されています。CSSは見栄えなど

用語*3

HTTP、HTTPS
HTTPはHyperText Transfer Protocolの略。HTTPSはHTTPに、通信の内容を暗号化する方式であるSSL/TLSというセキュリティ機能を追加した通信プロトコル。

用語*4

通信プロトコル
ネットワークを介してコンピュータ同士が情報をやり取りするために共通の手順を定めた決まりごと。

用語*5

W3C
World Wide Web Consortiumの略。Webで使用される技術の標準化を行う非営利団体。

文書の体裁を整えるために、JavaScriptは、入力内容などに応じて表示を変えるなど、Webページに動きを付けるために利用されます。

■Webページを公開する仕組み

Webページを公開するためには、作成したHTMLファイルや画像ファイルなどのデータを、インターネット上にあるWebサーバへ転送する必要があります。インターネット上でファイルを転送するためには、FTP（File Transfer Protocol）という通信プロトコルを使用します。

3 Webブラウザの種類と機能

Webブラウザは、Webを利用するために必要なアプリケーションソフトであり、スマートフォンやパソコンのほかに、Web閲覧が可能なゲーム機、テレビなどにも搭載されています。スマートフォンやパソコンの多くは、OSに対応したWebブラウザが標準でインストールされていますが、サードパーティ製のWebブラウザを追加インストールして利用することもできます。

Webブラウザは種類によって、操作性や表示速度、追加機能、対応するOSなどが異なります。たとえばGoogle ChromeにはWindows版、macOS版、Linux版、Android版、iOS版があり、対応するOSによって機能や操作性が異なります。

広く利用されているWebブラウザはコンテンツを視覚的に表現します。なお、コンテンツを音声や点字で表現するWebブラウザ、文字のみで表現するWebブラウザもあります。

■代表的なWebブラウザ

代表的なWebブラウザには、グーグル社のGoogle Chrome、アップル社のSafari、Mozilla Foundation［補足*7］のFirefox、マイクロソフト社のMicrosot Edge［補足*8］があります。2020年1月現在、世界で最も多く利用されているのはGoogle Chromeで、Googleアカウントでログインすると異なる機器で利用した内容（ブックマークや履歴など）を他の機器との間で同期させることができます（図表3.3.3）［補足*9］。

用語*6

Adobe Flash
動きのあるWebページ作成のために多く使われてきた技術。現在はHTML5への置き換えが進んでいる。2020年末にサポートが終了する。

補足*7

Mozilla Foundationは、世界中の有志が共同でソフトウェアを開発する団体。

補足*8

Windows 8.1までのWindowsパソコンには、Internet Explorerが標準で搭載されていた。Windows 10からはMicrosoft Edgeが標準搭載されるようになった。

補足*9

Google Chromeは、AndroidをOSとする機器の多くに標準搭載されている。

図表3.3.3　Google Chrome（Windows版とAndroid版）

■Webブラウザの機能

Webブラウザは、Webページを閲覧するために、URLを入力するアドレスバー、前のページに戻る機能、戻る前に表示していたページへ進む機能、複数のWebページを同時に表示するタブ機能などが備わっています。

また、利用者の利便性を高めるために、ブックマークやCookieなど、さまざまな機能が用意されています（図表3.3.4）。

図表3.3.4　Webブラウザに用意されているさまざまな機能

機能	説明
ブックマーク	よく見るWebページや、後で見たいWebページのURLを保存しておく機能のこと。「お気に入り」という名称で用意しているWebブラウザもある。
Cookie	Webサーバがアクセスしてきたユーザについて把握するために利用する情報。Webページの閲覧時にWebページのデータと一緒に送られ、機器に保存される。次回以降の閲覧時にCookieはWebサーバへ送り返される。Cookieは、ログイン状態を継続したり、前回の閲覧状況にあわせて表示を変えたりする仕組みに利用される。
キャッシュされた画像とファイル	一度表示したWebページの画像などをハードディスクに保存（キャッシュ）しておき、次に同じWebページを表示する際に、表示時間を短縮するためのファイル。これらのデータをインターネット一時ファイルともいう。
閲覧履歴の保存	過去に閲覧したWebページの履歴を一定期間保存することができる。
入力内容の保存	検索キーワードやフォームに入力した情報、ログインのためのIDやパスワードなどを保存しておくことができる。
ポップアップブロック	Webページを閲覧時に、意図せずに自動表示される広告などのポップアップを表示させないようにする。
プライバシーモード	プライバシーモードでWebブラウザを利用すると、閲覧履歴や入力した情報などを残さないようにすることができる。シークレットモード、InPrivateモード、プライベートブラウズといった名称で用意しているWebブラウザもある。

2 電子メールの仕組み

電子メールは、インターネットを利用してテキストメッセージや文書や画像などのファイルを送受信することができるサービスです。ここでは、電子メールの基本的な仕組みについて学習します。

1 電子メール

電子メール（単にメールともいう）は、宛先、件名、本文で構成されるメッセージで、メールアドレスを宛先とします［補足*1］（図表3.3.5、図表3.3.6）。

補足*1

SMS（Short Message Service、ショートメール、Cメールとも呼ばれる）という方式では、携帯電話番号を宛先情報に利用する。SMSで一度に送信できる文字数は、2019年9月の仕様変更により全角70文字から670文字までと拡張された。

図表3.3.5　電子メールの構成

宛先の種類には、宛先(TO)、CC、BCCの3種類がある。
文書や画像などのファイルを一緒に送信することもできる。
宛先　tanaka@example.com
BCC
CC
件名　ハイキング写真
添付ファイル　集合写真.jpg　(350KB)
田中さん
こんにちは。 浜田です。
日曜のハイキングで撮った写真を送ります。
受信した電子メールに返信すると件名の先頭に「Re:」が、受信したメールを転送すると件名の先頭に「Fw:」が挿入される。
本文。電子メールの形式には、文字だけを使用するテキストメールと、HTMLを使ってWebページのように装飾するHTMLメールがある。

図表3.3.6　一般的なメールアドレスの表記方法［補足*2］

補足*2

ユーザ名には、半角英数字と一部の記号（プロバイダによって異なる）を利用することができる。「@」など意味のある記号は使えない、ドット（.）は先頭と末尾には使えないなどの決まりがある。

■宛先の違い

電子メールは、同じ内容のメッセージを同時に複数の相手に送ることができます。宛先の種類には、宛先（TO）、CC、BCCがあります（図表3.3.7）。

図表3.3.7　宛先の種類の使い分け方［補足*3］

種類	使い方
宛先（TO）	本来メッセージを伝えたい相手のメールアドレスを指定する。
CC	参考として知らせておきたい相手のメールアドレスを指定する。
BCC	参考として内密に知らせておきたい相手のメールアドレスを指定する。BCCで指定したメールアドレスは宛先（TO）やCCの相手にはわからない。

補足*3

CCはCarbon Copyの略、BCCはBlind Carbon Copyの略。

■電子メールの形式

電子メールの形式には、テキスト形式（テキストメール）、HTML形式（HTMLメール）があります。テキストメールは文字情報のみで作成されたメールです。

HTMLメールは、Webページを記述するための言語であるHTMLを使い、その利点を活かして表現力を高めたメールです。文字の大きさを変える、色を付ける、下線を引いて強調するなど、単純な文章でもワープロのように装飾できる上、画像を埋め込むなどのレイアウト情報も利用できます。相手の利用環境によっては表示できない、マルウェアの感染源になる可能性があるなど取り扱いには注意が必要です。

2 電子メールの仕組み

電子メール送受信の基本的な仕組みは次のとおりです（図表3.3.8）。電子メールの送信にはSMTP（Simple Mail Transfer Protocol）という通信プロトコル、受信にはPOP3（Post Office Protocol version 3）またはIMAP（Internet Message Access Protocol）という通信プロトコルを使用します［補足*4］。

補足*4

電子メールの送受信にWebブラウザを利用するWebメールでは、直接メールサーバと通信せず、Webサーバがメールサーバとの通信を行う。

図表3.3.8　電子メールの仕組み

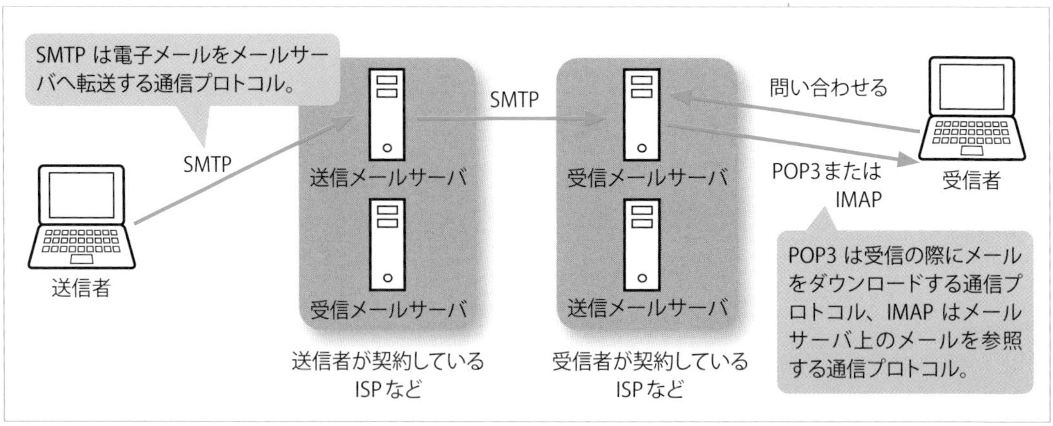

1 クラウドサービスとは

コンピュータを利用する多くのサービスが、クラウドコンピューティングという形態で提供されるようになりました。ここでは、クラウドコンピューティングにより提供されるサービスの特徴とその利用について学習します。

1 クラウドサービス

コンピュータの機能を利用する場合、従来は、ハードウェア（コンピュータ）、ソフトウェア、データなどを利用者自身の手元（ローカル）に置いて管理する形態が中心でした。これらのハードウェア、ソフトウェア、データ類をクラウド［用語*1］に置いておき、サービスとして利用する形態が2000年代後半から普及し始めました。これをクラウドサービスといい、クラウドサービスを通してコンピュータの機能を利用することをクラウドコンピューティングといいます。

クラウドサービスでは、サービスを提供する事業者（クラウド事業者）がハードウェアやソフトウェアなどを用意します。利用者に必要なのは、インターネット接続やクライアント端末（パソコンやスマートフォンなど）といった最小限の利用環境の準備です。どこにデータが保管されているのか、どのようにサービスが提供されるのか、クラウドの中の詳しい仕組みを利用者が知らなくてもクラウドサービスを利用することができます（図表3.4.1）。

用語*1

クラウド
クラウドサービスの提供に必要なハードウェアやソフトウェアは、インターネットの中のどこかに置かれていることになる。インターネットを、実態がよくわからない「雲（cloud）」に例えてクラウドという言葉が使われている。

図表3.4.1　クラウドサービス

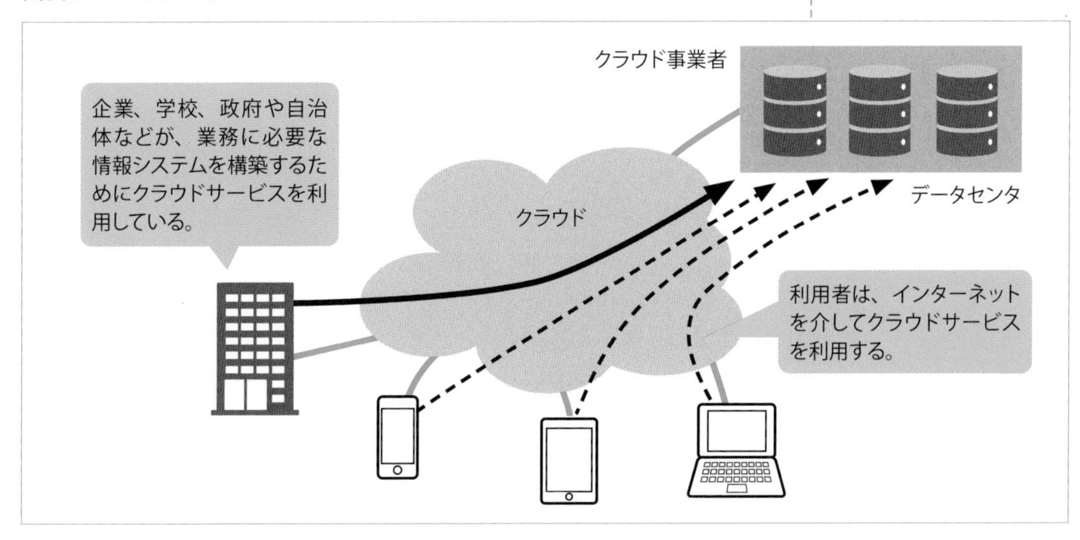

■データセンタ

クラウドサービスを支えているのがデータセンタです。データセンタは、サービス提供に必要なサーバコンピュータ群やネットワーク装置が置かれている施設です。それらが安定的に稼働するように、適切に管理されています［補足*2］。

補足*2

データセンタでは、サービス提供が停止しないように、空調による室温などの管理、停電時に電源供給を行うための予備電源装置の準備、防火設備や耐震対策、24時間体制の監視などを行っている。また、セキュリティ上、入退室は厳重に管理されている。

■クラウドサービスの形態

サービスとして何を提供するかにより、クラウドサービスは、いくつかのモデルに分類することができます。個人向けに提供されているオンラインストレージやWebメール、オンラインオフィスソフトなどはSaaS（Software as a Service：「サース」または「サーズ」と読む）に分類されます。SaaSは、アプリケーションソフトなどのソフトウェアをクラウドから提供する形態です。

SaaSのほかに、企業向けに、アプリケーションや情報システムを開発・運用できる環境をクラウドから提供するPaaS（Platform as a Service：「パース」と読む）やIaaS（Infrastructure as a Service：「アイアース」または「イアース」と読む）［補足*3］という形態もあります（図表3.4.2）。代表的なクラウドサービスに、AWSやMicrosoft Azure、GCP［補足*4］などがあります。

補足*3

IaaSは開発できるハードウェア環境そのものを提供し、PaaSはハードウェア環境に加えて開発に必要なOSなどを導入した環境を提供する。パソコンに例えると、PaaSはWindowsがインストールされた状態で利用する形態、IaaSはOSなどが何もインストールされていない状態で利用する形態。

補足*4

AWS（Amazon Web Services）はアマゾン社、Microsoft Azureはマイクロソフト社、GCP（Google Cloud Platform）はグーグル社のクラウドサービス。

図表3.4.2　SaaS、PaaS、IaaSの違い

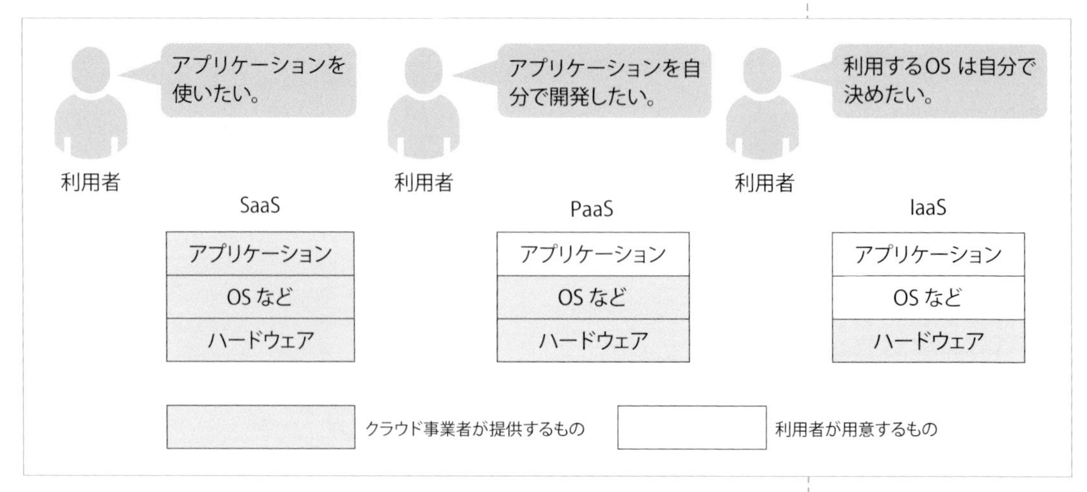

クラウドサービスを利用する企業は、開発や運用に必要なサーバコンピュータなどの設備を自社で用意せず、クラウド事業者から必要な機能を必要な分だけ購入して利用します。クラウドサービスはさまざまな企業活動に活用されており、政府や自治体が業務のための情報システムにクラウドサービスを導入している事例も多くあります。

■クラウドサービスのメリット・デメリット

クラウドサービスを活用すれば、高機能なコンピュータや専用ソフトウェアを用意する必要がなくなるなど長所もありますが、短所もあります。

- メリット
  - インターネット接続環境と利用端末があればどこからでも利用できる。
  - 個々の端末にアプリケーションをインストールする必要がなくなる。
  - 異なる端末を利用しても同じように操作することができる。
  - 情報の共有が手軽に行える。
  - データをクラウド上に保管しておくと、問題発生時のバックアップになる［補足*5］。
  - アップデートなどのメンテナンスを行う必要がなくなる。
  - 常に最新のバージョンを利用できる。

- デメリット
  - インターネットに接続していないときは利用することができない［補足*6］。
  - 事業者側の過失でデータが失われる可能性がある。
  - 利用するインターネットの経路上やデータの保管先での情報漏えいのリスクがある。
  - 利用するアカウントのIDとパスワードが盗まれると第三者に不正アクセスされる可能性がある。
  - 事業者側の都合でサービス内容・品質などが変更される場合がある。

補足*5

たとえばオンラインストレージにスマートフォンやパソコンのデータを保存しておくと、これらの機器の故障時にデータが失われることを防ぐことができる。

補足*6

オフライン時の作業を可能にするクラウドサービスもある。

2 身近なクラウドサービス

個人向けのクラウドサービスの例として、Googleのサービスがあります。Googleではアカウントを取得したユーザ向けに、オンラインストレージやWebメール、オンラインのオフィスアプリケーションなど、さまざまなサービスを提供しています（図表3.4.3）。

図表3.4.3　Googleが提供するクラウドサービス

サービス名	説明
Google ドライブ	オンラインストレージ
Gmail	Web メール
Google フォト	写真と動画の保存・共有
Google カレンダー	カレンダーとスケジュール管理
Google Keep	メモ帳
Google ドキュメント	ワープロソフト
Google スプレッドシート	表計算ソフト
Google スライド	プレゼンテーションソフト

• オンラインストレージ

身近なクラウドサービスとして代表的なものがオンラインストレージです（図表3.4.4）。クラウド上のストレージ領域を、外部記憶装置のように利用することができます。

手元にある記憶装置と同じように、フォルダによるファイルの整理、ファイルの閲覧・移動・コピー・削除、名前の変更といった操作が可能で、ほかのユーザとファイルの共有などを行うこともできます。ほかのサービスとの連携機能もあり、Googleドライブの場合は、オフィスアプリケーションで作成したファイルはGoogleドライブに保存され、Googleドライブに保存したファイルを該当するアプリケーションを使用して編集することができます。Google以外のサービスには、Dropbox、マイポケット、iCloud Drive、OneDriveなどがあります。

図表3.4.4
オンラインストレージ
（Googleドライブ：Androidアプリ版）

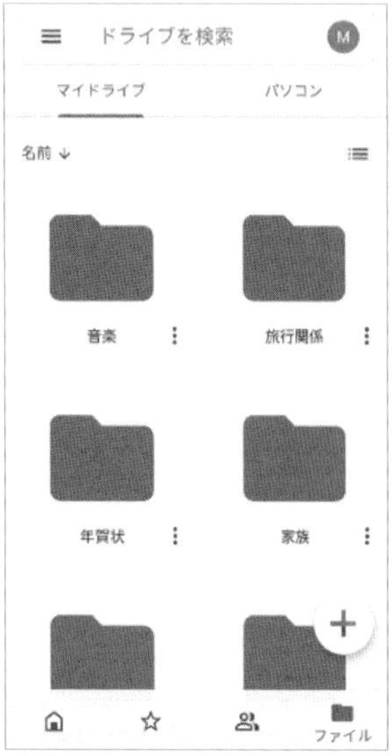

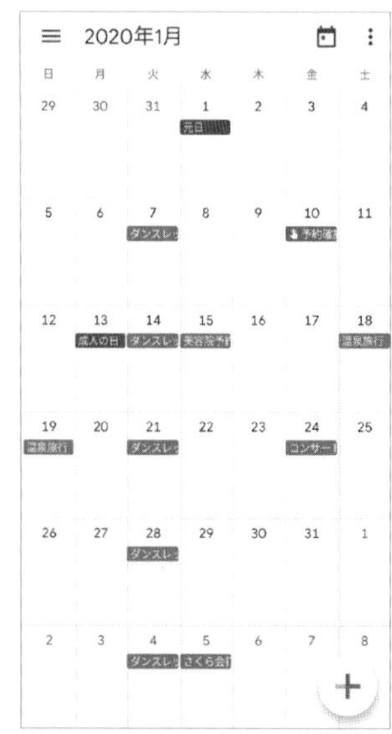

図表3.4.5
スケジュール管理
（Googleカレンダー：Androidアプリ版）

オンラインストレージは、利用できるデータの容量ごとに料金が決まっています（一定のデータ量までは無料のサービスが多い）。通常は有料のオプションにて利用できる容量を増加できます。

• スケジュール管理やメモ帳

Googleカレンダーは、スケジュール帳のように予定を管理できるサービスです（図表3.4.5）。指定した時刻に予定を通知する機能や共有機能も利用できます。

Google Keepは、覚書など残しておきたい情報をクラウドにメモとして記録できるサービスです。テキストのほかに、音声、画像、Webページなどさまざまなメモデータを保存でき、メモの検索やグループ分け、共有機能も利用できます。

Google以外のスケジュール管理サービスやメモ帳サービスもあります。また、企業など組織向けの情報共有のためのグループウェア[用語*7]も、クラウドサービスとして提供されています。

用語*7

グループウェア
スケジュール管理、メール管理、会議室など共用設備の利用管理、掲示板、テレビ電話など、企業内で業務遂行のために必要な情報共有やコミュニケーションを行うためのアプリケーション。

• Webメール

メールの作成や送受信といったメールソフトの操作をクラウドサービスとして利用することができます（図表3.4.6）。Gmailでは、Googleのフリーメールサービスのアカウントのほかに、自分が保有しているメールアカウントを追加することもできます。また、Googleカレンダーと連動し、メールから予定を作成することができます。

図表3.4.6
Webメール（Gmail：Androidアプリ版）

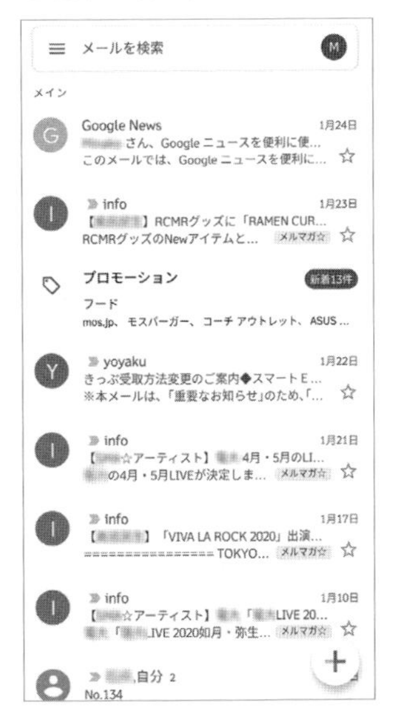

• **オンラインアプリケーション**

従来はパソコンなどにインストールして利用していた、オフィスソフトなどをクラウドサービスとして利用して、ファイルの新規作成や編集を行うことができます（図表3.4.7）。ワープロソフト、表計算ソフト、プレゼンテーションソフトなどのオンラインオフィスソフトは、Googleのサービスのほかに、マイクロソフト社がパソコン向けのWord、Excel、PowerPointをクラウドサービスとして提供しています。freeeや弥生会計オンラインのような会計ソフトもオンラインアプリケーションとして提供されています。

図表3.4.7
オンラインアプリケーション（Googleドキュメント：Androidアプリ版）

第4章

セキュリティ

誰でも利用できるという便利さの反面、インターネットを悪用しようとする人も多く存在します。この章では、インターネットにおけるセキュリティ上の脅威について知るとともに、インターネットを安全に利用するために必要な対策についても学びます。

4-1 セキュリティの脅威

1 インターネット利用におけるセキュリティ上のリスク

インターネットを安全に利用するためには、どのようなセキュリティ上のリスクがあるか、知っておく必要があります。ここでは、インターネットの利用により起こり得るトラブルや被害について学びます。

1 インターネット利用におけるインシデント

情報を安全に保つことを情報セキュリティといいます。情報セキュリティに関する事故や攻撃のことを情報セキュリティインシデントまたは単にインシデントといいます。インシデントには、天災、利用者自身の不注意や誤操作により引き起こされるものもありますが、不正アクセスやマルウェア感染など外部の攻撃者によるものが多く、その手口もさまざまです。インシデントの発生により、個人情報や機密情報の流出や、金銭の窃取や詐取［補足*1］、略取・誘拐［補足*2］といった被害にあうことになります（図表4.1.1）。

• 個人情報の流出

個人情報とは、個人を特定するための情報やプライバシーにかかわる情報などのことです。氏名、住所、電話番号、生年月日、メールアドレス、家族構成、勤務先、クレジットカード番号、銀行の口座番号、サービスへのログインに利用するIDとパスワード、趣味や嗜好なども個人情報に含まれます［補足*3］。

個人情報が流出すると、犯罪や迷惑行為に巻き込まれる可能性が高まります。悪質なセールスや詐欺にあう、流出した個人情報を使ってIDが乗っ取られる、クレジットカードを不正使用される、ストーカーのような嫌がらせ行為にあう、インターネット上に個人情報がさらされるなど、被害の内容はさまざまです。

• 機密情報の流出

企業では、事業に際し、技術情報や顧客情報などの機密情報を取り扱います。機密情報が流出すると、本来得られるはずだった利益を損失することもあります。また、企業が保存していた情報が改ざんされたり削除されたりすることにより正常な業務の遂行が影響を受けることになります。さらに、顧客の個人情報の流出は、その顧客に被害をもたらすとともに、企業の信頼の失墜などにつながります。

補足*1

「窃取」とはこっそり盗み取ること。「詐取」とは金品をだまし取ること。

補足*2

「略取」とは、暴力や脅迫などにより人を連れ去ること。「誘拐」は、だましたり誘惑したりして人を連れ去ること。

補足*3

顔写真や指紋などの生体情報も個人情報に含まれる。

図表4.1.1　インターネット上のさまざまな場面におけるインシデント例

場面	インシデント例
Webサイトの閲覧における危険	・攻撃者が用意した偽のWebサイトでIDとパスワードを入力してしまい、不正アクセスされた。 ・アダルトサイトを閲覧したら偽の警告画面をクリックしてワンクリック詐欺にあい、金銭を支払った。 ・出会い系サイトを利用したら犯罪に巻き込まれた。 ・Webサイト閲覧によりマルウェアに感染した。
オンラインショッピングの利用における危険	・買い物に使用したクレジットカード番号が勝手に使用された。 ・お買い得商品だと思ったら盗品だった。 ・代金を支払ったのに商品が届かなかった。
オンラインバンキングの利用における危険	・ほかのサービスで使用しているIDとパスワードを使いまわしていたら不正ログインされた。 ・ログイン情報の入力をマルウェアにより盗まれた。
SNS利用における危険	・公開した情報や写真をもとに身元が特定され、ストーカー行為を受けた。 ・アカウントが乗っ取られて、詐欺に利用された。 ・アカウントが乗っ取られて、身に覚えのない投稿が行われた。 ・SNSで知り合った人は身元を偽った犯罪者だった。
電子メール、SMSにおける危険	・添付ファイルを開いたらマルウェアに感染した。 ・URLをクリックしたらフィッシング詐欺サイトに誘導された。
不正アプリ・ソフト	・提供元不明のアプリをインストールしたらマルウェアに感染した。 ・アプリのアクセス権限を許可したら端末内の情報が流出した。 ・無料アプリのつもりだったのに高額課金されていた。
無線LAN利用における危険	・暗号化されていない無線LANに接続して通信内容が盗まれた。 ・公衆無線LANを利用したらIDとパスワードが盗まれた。
機器の不正使用	・ロックをかけなかったら不正に操作された。 ・スマートフォンが盗まれ、中の個人情報が流出した。

コラム● 企業における個人情報の流出

企業などが保有する顧客情報などの個人情報の流出事件が立て続けに起きています。個人情報保護法に定められた個人情報取扱事業者に対する罰則は6か月以下の懲役または30万円以下の罰金ですが、現実的には、社会的信用の失墜、顧客への補償金支払の発生、業績の悪化など多大な損害が生じることになります。

• 内部からの持ち出しによる個人情報流出

2014年、大手通信教育会社で、業務委託先の社員が同社の顧客情報約3,500万件を、私物のスマートフォンを使用して持ち出し、名簿業者に売却するという事件が発生しました。同社は個人情報保護のための対策を講じていましたが十分ではなく、たび重なる不正持ち出しを許すこととなりました。同社は、該当する顧客一人ひとりにお詫びの品（1人当たり500円分の金券）を送付し、漏えいした情報を利用している可能性の高い事業者への利用停止の働きかけなどを行いましたが、会員数が大幅に減少するなどの影響が出ました。同社およびグループ会社に損害賠償を求める訴訟が多数起こされ、顧客情報を持ち出した業務委託先の社員は懲役2年6か月、罰金300万円の実刑判決が確定しました。

• 標的型攻撃による個人情報流出

2015年、年金にかかわる特殊法人に、標的型攻撃［補足*4］による不正アクセスがあり、個人情報百万件以上が流出するという事件が起きました。「年金制度見直しに関する意見」といった件名の電子メールが複数回届き、一度はマルウェア感染を検知し、注意喚起を行ったものの、具体的な内容を開示しなかったため、その後、同様の手口で複数台のパソコンがマルウェアに感染しました。この事件では、年金加入者に対する文書の通知、基礎年金番号の変更などの対応で、巨額の経費が投じられることとなりました。

2016年、大手旅行会社のサーバに不正アクセスがあり、オンライン予約システムを利用した顧客の個人情報数百万件が流出した疑いのあることが明らかになりました。社員宛に取引先を装った電子メールが届き、メールの宛先・発信元・内容・添付ファイルのファイル名などに疑わしい点が少ないことから社員がメールを開いたところマルウェアに感染し、海外からサーバに不正侵入されて情報を盗まれた可能性が高いということです。具体的な被害は確認できませんでしたが、信頼性が損なわれ、一時的に広告を自粛するなど企業の業務計画に少なからずの影響を及ぼすことになりました。

• 金銭の窃取や詐取

インターネットを悪用する者の目的の1つが金銭の窃取や詐取です。不正アクセスによるオンラインバンキングでの不正送金、架空請求やワンクリック詐欺、偽ブランド商品の販売、不正に取得した他人のクレジットカード番号を使った高額な買い物、モバイル決済のアカウントの乗っ取りによる不正使用、SNSで友人を装って電子マネーを代理購入させるなど、さまざまな手段で窃取や詐取が行われています。

補足*4

標的型攻撃については、「4-1-2 人間の心理を利用する脅威」を参照。

コラム● SNSアカウントの乗っ取り

2014年、SNSのアカウントが第三者に使われて不正にログインされる、いわゆるアカウントの「乗っ取り」が多数発生しました。犯人が乗っ取ったアカウントのユーザになりすまし、「自分の代わりにコンビニでプリペイドカードを購入して欲しい」とそのアカウントユーザの友人に購入させ、プリペイドカード番号を詐取するという手口です。

アカウント乗っ取りは、一部のサービスで流出したIDとパスワードによる不正アクセスに起因することもあります。また、ユーザが複数のサービスに同じIDとパスワードを設定することも多く、被害が広がりました。

SNSの運営会社では、その後乗っ取り対策として本人確認のための仕組みを導入して安全性の確保に努めていますが、ユーザ自身がパスワードの運用を安全に保つことが有効な防御策です。

コラム● モバイル決済アカウントの不正利用

スマートフォンを使った決済手段の普及が進んでいますが、一部の決済サービスで不正利用が多発しました。2018年に起きた事件では、犯人はアカウントを作成し、不正に入手したクレジットカード番号を登録、クレジットカードから入金して買い物をするという形で不正利用が行われました。2019年に起きた事件では、不正に入手したIDとパスワードのリストを使って、犯罪者が他人の決済サービスのアカウントを乗っ取り、不正利用を行いました。いずれも、ユーザの利便性を考えてクレジットカードの登録方法や認証方法を簡略化していたことから被害が広がりました。

- **名誉毀損や誹謗中傷**

インターネットを利用して、他人に対する誹謗中傷などの嫌がらせを行う人もいます。他人になりすましてSNSのアカウントを作り、嘘の投稿を行って名誉を棄損する、他人の名前を使って犯行予告や脅迫を行うといった事例も起きています。また、仕返しや復讐などを目的として、元交際相手や元配偶者の性的な写真や動画をインターネット上に公開する犯罪行為（いわゆる「リベンジポルノ」）による被害件数も増えています。

- **略取・誘拐**

略取や誘拐、性犯罪などを目的に、偽のプロフィールでSNSのアカウントを持ち、知り合った相手をだまそうという人もいます。SNSで友だちになった人と実際に会う約束をしたら、プロフィールとまったく異なる人が現れて脅された、「○○の親」と偽って連れ去られた、という事件やSNSで親しくなった人に自画撮りの裸の写真を要求されて送ってしまい、それをもとに脅迫されたという事件も多数起きています［補足*5］。

• 政治的・社会的な混乱

政治的に対立している、思想や活動内容に反対する意を示したいといった理由で、政府、企業などの情報システムに攻撃が仕掛けられることがあります。これにより正常な運用ができなくなり、政治的、社会的な混乱がもたらされることがあります。

• 加害者になる可能性

インターネットでは自身が加害者となる可能性があることも覚えておきましょう。自分のパソコンがマルウェアに感染すると、ネットワークを通じて他人のパソコンを感染させたり、Webサイトへの攻撃に荷担してしまったりすることがあります。SNSアカウントが乗っ取られると、迷惑な広告メッセージの送信に悪用されることもあります。

また、他人の個人情報やプライバシーにかかわる情報、他人の不利益になるような情報をインターネット上に書き込むと名誉棄損罪や侮辱罪に問われたり、損害賠償の対象となったりします。違法にアップロードされたファイルをダウンロードすることは著作権の侵害です。面白いからと自作したマルウェアを使って不正アクセスを試みたり［補足*6］、偶然知り得た他人のIDやパスワードを使って他人のアカウントにログインしたりする行為は犯罪です［補足*7］。ゲームを有利に進めるためにプログラムなどを改変する行為（チート行為と呼ばれる）や改変したプログラムを他人に提供する行為も犯罪です。

2 サイバー攻撃

インターネットを利用すると世界中の「誰とでもつながる」ことができますが、その分第三者からの攻撃を受けやすくなるという危険性もはらんでいます。ネットワークやコンピュータを利用して情報の盗難や改ざん、破壊などを行い、他人に害を与えようとすることをサイバー攻撃やサイバー犯罪といいます［補足*8］。サイバー攻撃の手口はさまざまで、マルウェアを利用したり、セキュリティの不備を突いた不正アクセスなど技術的な手段を用いるもの、人間の心の隙を突いてログイン情報や個人情報を盗み出すという手口もあります。

技術的な手段を用いた攻撃行為をクラッキング、攻撃者をクラッカーと呼びます［補足*9］。

補足*5

児童ポルノ（児童を被写体としたわいせつ画像など）の被害にあう児童の数が増えている。児童ポルノの所持や提供は違法である。

補足*6

マルウェア感染による被害が発生していなくても、マルウェアを自作する、マルウェアをWebサイトにアップロードする、マルウェアをダウンロードする、パソコンにマルウェアを保管するといった行為自体が違法である。

補足*7

他人のIDとパスワードを使用してログインを行うと不正アクセス禁止法違反となる。

補足*8

「サイバー」は「コンピュータの」「インターネットの」といった意味で、「サイバー空間」のように、ほかの言葉とともに使われる。「サイバー空間」はインターネットのようにデジタルデータのやり取りで成り立つ世界のこと。

補足*9

クラッキング（cracking）のcrackとは、英語で「割る」「ヒビを入れる」などの意味。ハッカーという言葉が用いられることもあるが、ハッカーはもともとコンピュータ関連の高度な知識や技術を持つ人を表す言葉。知識や技術を用いて悪事を働く者をブラックハッカー、攻撃を防ぐために自身の知識や技術を用いる善意のハッカー（本来のハッカー）をホワイトハッカーと呼び分けることもある。

コラム ● その他インターネットサービスの利用におけるトラブル

インターネットの利用にともなうトラブルは、インシデントによるものだけではありません。

スマートフォン向けのゲームは、基本的な利用は無料でも、ゲームで使用するアイテムなどを購入する、いわゆるゲーム内課金という仕組みが用意されています。1アイテムの購入は数百円程度ですが、一度クレジットカード番号などを登録すると簡単な手続きで課金できるので、ゲームに夢中になって高額になることもあります。小中学生がゲームの規約や仕組みを理解せずに課金し、請求が数十万円になっていたということも起きています。仕組みを理解して利用する必要があります。

国内のデータ通信サービスを契約しているスマートフォンは、ローミングという仕組みにより海外で利用することができますが、基本的に従量制課金となるので、国内と同じ感覚で利用して請求が高額となることもあります。海外でも定額となるプランや無線LAN（Wi-Fi）を利用するなどの対策が必要です。

コラム ● 中高生のサイバー犯罪

2016年、政治的、社会的理由でハッキング行為を行う国際的な集団「アノニマス」に憧れた中学生が、SNSに「日本政府を攻撃する」という旨の書き込みを行い、書類送検されました。プログラミングの技術を独学で身につけ、インターネット上でマルウェアなどの違法プログラムを入手して自身のパソコンに保管し、その気になればいつでもサイバー攻撃を仕掛けられる状態だったということです。

その後も、未成年がマルウェアを自作するなどしてサイバー犯罪に手を染める事件が次々と起こりました。インターネット上にマルウェアをばらまいて他人のコンピュータを感染させてIDとパスワードを入手、これをインターネット上で販売したり、Webサイトに不正侵入したりといった事件が実際に起きています。動機のほとんどは、称賛を受けたい、自分の力を誇示したいというものであり、自身の行為が犯罪であるという自覚に欠けていました。

4-1 セキュリティの脅威

2 人間の心理を利用する脅威

インターネットにおける犯罪や迷惑行為は、技術的な手段によるものもありますが、人間の心理的な隙や油断を突いたものも多く存在します。ここでは、人間の心理を利用してもたらされる脅威について学びます。

1 ソーシャルエンジニアリング

ソーシャルエンジニアリングとは、個人情報やパスワードなどの重要な情報を、技術的な方法ではなく人間の心理的な隙や行動上のミスに付け込んで盗み出す手法のことです。昨今問題になっている振り込め詐欺もソーシャルエンジニアリングの手法を利用しています。

ソーシャルエンジニアリングには、電話や電子メールなどでもっともらしい人物になりすまして聞き出す［補足*1］、パソコンなどの画面や入力内容を盗み見る、重要情報が書かれたメモなどを盗み見る、ゴミから拾い出すといった手口があります（図表4.1.2）。

補足*1
パスワードや暗証番号などの利用者本人しか知り得ない情報を電話や電子メールで問い合わせることはまずあり得ない。問い合わせがある場合はすべて詐欺であると疑うべきである。

図表4.1.2 ソーシャルエンジニアリングの例

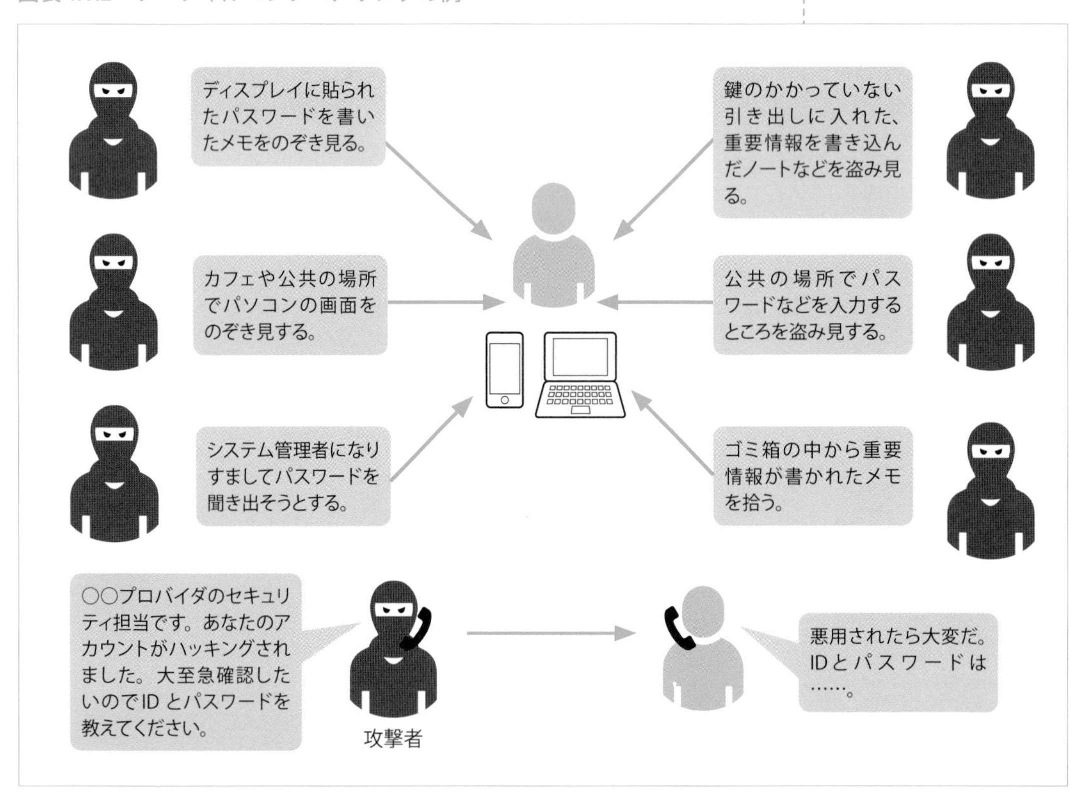

たとえば電話や電子メールを利用する場合は、ネットワーク管理者やISPのセキュリティ担当、取引先、会社の役員、警察などと名乗って相手を信用させ、「緊急」「大至急」といった言葉で巧みにだまして、パスワードなどを聞き出します。

ソーシャルエンジニアリングの手法は多様であり、後述する標的型攻撃やフィッシング詐欺などでも、ソーシャルエンジニアリングを用いて人間の心理の隙を突いて攻撃を行っています。

2 標的型攻撃

標的型攻撃とは、不特定多数に対してではなく、特定の組織や個人を狙う攻撃です。ターゲットとなる人物をだましてコンピュータをマルウェアに感染させて、機密情報の窃取やシステムの破壊などを行います。

標的型攻撃の初期段階に、電子メール（標的型攻撃メール）が多く用いられます。実在する取引相手の名前を名乗ったり、業務に関連する問い合わせを行ったりしてターゲットを油断させます。何度かメールのやり取りを行って信頼させることもあります。マルウェアが仕込まれた添付ファイルを送信して開かせる、マルウェア感染の仕掛けが施されたWebサイトへのリンクを本文に記載してクリックさせるといった手段でターゲットのコンピュータをマルウェアに感染させます（図表4.1.3）。

図表4.1.3　標的型攻撃の例

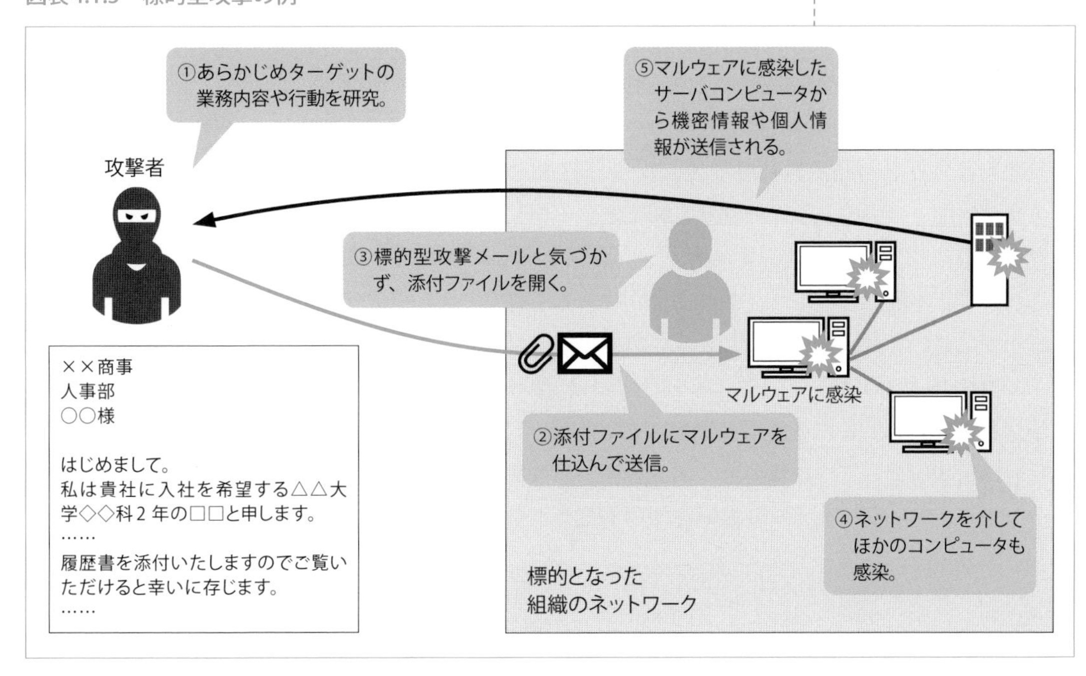

■水飲み場型攻撃

標的型攻撃の初期段階でマルウェアに感染させるために、ターゲットとなる人物が頻繁にアクセスしそうなWebサイトが利用されることがあります。前もって該当Webサイトを攻撃してマルウェアを仕込んでおき、ターゲットがアクセスした際にマルウェアに感染させます［補足*2］。肉食動物が水を飲みに来る動物を捕まえるために待ち伏せする様子に似ていることから「水飲み場型攻撃」と名付けられています。

補足*2
ターゲットの組織のIPアドレスからアクセスがあった場合のみマルウェアに感染させるようにしている。

コラム ● 標的型攻撃の例

2018年、C社が運営する仮想通貨取引所から580億円相当の仮想通貨が流出しました。攻撃者は準備段階として、SNSなどを通じてC社の技術者のうち、システムの管理権限を持つ者数名を割り出しました。次に偽名を使って接触を試み、半年かけて電子メールや電話による交流を重ねていき、信頼関係を構築した上でマルウェアを仕込んだ電子メールを送り付けました。C社の技術者は疑うことなくメールを開き、パソコンがマルウェアに感染、社内ネットワークに感染が広がり、仮想通貨が流出することになりました。

3 フィッシング詐欺

攻撃者が、銀行やクレジットカード会社などになりすまして電子メールなどを送って偽装サイトにターゲットを誘導し、クレジットカード番号や暗証番号などを盗み出す手口をフィッシング詐欺といいます。

攻撃者は、実在する金融機関などの名前を使って不特定多数の相手に「パスワードを変更してください」「アカウントの更新手続きが必要」といった緊急性を装った内容の電子メールやSMSを送り付けます。該当する金融機関と取引のあるユーザが本物であると信用して記載されたリンクをクリックすると、偽のWebサイト（フィッシングサイト）に誘導されます。本物とそっくり、あるいは本物らしく作られていることからユーザは疑いを持つことなく、表示されているとおりにオンラインバンキングのIDやパスワード、クレジットカード番号、暗証番号などの重要情報を入力してしまうという仕組みです［補足*3］。こうした方法で入手した情報を使って、攻撃者は、オンラインバンキングから不正送金を行ったり、クレジットカード番号を使って高額な買い物をしたりします（図表4.1.4）。

補足*3
本物のサイトに類似したURLを使用したり、暗号化通信に対応しているWebサイトを用意したり、さまざまな方法を使ってターゲットを信頼させようとしている。

図表4.1.4　フィッシング詐欺の例

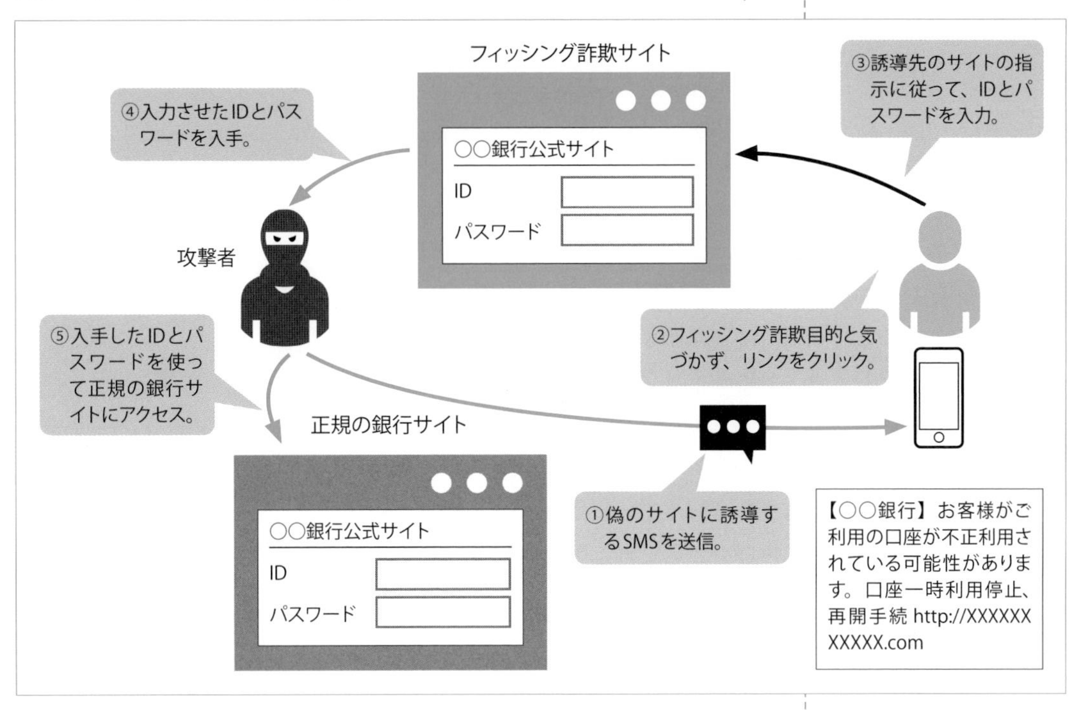

4 なりすましメール

電子メールでは、送信者情報などを偽造した、なりすましメールを送信することができます。自分のメールアドレスが送信元となっているメールを受け取り、思わずメールを開いてしまい、フィッシング詐欺やマルウェア感染などの被害にあうこともあります。

なりすましメールによる攻撃の1つが企業に対するビジネスメール詐欺（Business E-mail Compromise：BEC）です。ビジネスメール詐欺は、取引先や経営者層の人物になりすまして経理担当者に振込先の口座変更や突発的な振込依頼などのメールを送り、攻撃者が用意した口座へ入金させる詐欺の手口です。

コラム● ビジネスメール詐欺の例

2017年、大手航空会社が取引先を偽装したメールにだまされて億単位の金額の詐欺被害にあいました。攻撃者は、航空会社が実際に取引を行っている相手とのメールのやり取りに割り込み、取引先になりすましました。振込先口座を変更する旨が記載された偽の請求書を送信し、これを信じた担当者が指定された口座に振り込んでしまいました。

5 ワンクリック詐欺・架空請求

ワンクリック詐欺とは、Webサイトの「入り口」「無料」などと書かれたボタンや、電子メールに書かれたURLを1回クリックしただけで、「登録が完了しました」「入会ありがとうございます」といったメッセージを表示して、料金を請求するような詐欺のことです（図表4.1.5）［補足*4］。近年は、Webサイトを閲覧しているだけで突然ポップアップ画面が開き、メッセージを表示するゼロクリック詐欺という手口も増えています。

これらの詐欺では、期限内に支払わないと法的措置をとるといった脅し文句で支払を迫る、カメラのシャッター音を鳴らして顔写真が撮られたと錯覚させる、スマートフォンの個体識別番号やIPアドレスなどを表示して身元が知られたと不安をあおるなど、さまざまな手口で支払わせようとします。一度でも支払を行ってしまうと、相手から目をつけられ、同じようなトラブルに再び巻き込まれる可能性もあります。

補足*4
ワンクリック詐欺は、アダルトサイトや出会い系サイトに仕組まれていることが多い。

図表4.1.5　ワンクリック詐欺の例

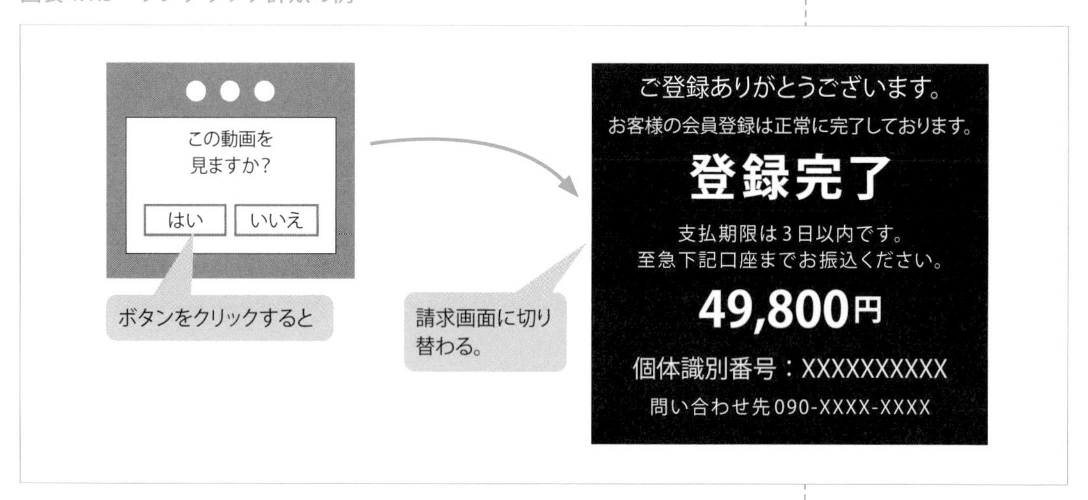

Webサイトを閲覧中に、突然「マルウェアに感染している」といった警告画面が表示されることがあります。実際にはマルウェアには感染しておらず、ワンクリック詐欺と同様、不安をあおって、有料のソフトウェアの購入などを行わせようとする詐欺です。

架空の取引をでっちあげて支払を請求する詐欺の手口もあり、これを架空請求といいます。郵便や電話で行われることもありますが、SMSや電子メールを使った架空請求も行われています。滞納料金がある、入金の確認ができないといったメッセージを送り、振込や電子マネーなどで支払わせようとします。

ワンクリック詐欺や架空請求詐欺は無作為に対象者を選んで行ってい

るので、無視することが一番の対策です。記載されている連絡先に電話やメールなどをしてしまうと、詐欺を働く犯罪者に個人情報を知られてしまい、さらに悪質なケースに発展することがあります。

6 ショッピングやネットオークションにおける詐欺

ショッピングサイトの中には、詐欺サイトなども存在します。代金だけ支払わせて商品が届かない、偽物や粗悪品が届くといった被害や、クレジットカード番号や個人情報が盗まれるといった被害を受けることがあります。実在する正規の販売サイトの外観を模倣し、消費者をだます「なりすましECサイト」も存在します。ネットオークションでも、商品が届かない、写真と異なるものが届いたといったことがあります。「必ず儲かる方法教えます」「副業で月収100万」といった宣伝文句で、お金を稼ぐノウハウと引き換えに金銭をだまし取る詐欺手口もあります。ノウハウを販売すること自体は詐欺ではありませんが、まったく役に立たないノウハウであったり、誇大広告だったりすることがあります。

7 spam行為

spamとは、受け手の意向を無視して不特定多数のユーザ宛にまきちらされるメッセージなどです。迷惑メール、SNSのspam投稿などがあります。

spamは、広告や勧誘を目的とするものがほとんどで、迷惑メールの場合は件名や文面を工夫することで受信者にメールを開封させたり、文中のURLをクリックさせたりしようとします。マルウェアのダウンロードサイトやフィッシング詐欺サイトに誘導するものもあります。

「あなたの恥ずかしい動画を入手した」「あなたのパスワードが侵害されました」といった文言で受信者の不安をあおり、支払を要求する脅迫メール型の迷惑メールも横行しています。今まで使ったことのあるパスワードが本文に記載されていて、スマートフォンやアカウントが乗っ取られたと錯覚させようとするものもあります［補足*5］。

チェーンメールやデマメールという形態の迷惑メールもあります。チェーンメールは、「このメールを受け取った人は24時間以内に5人に転送しないと不幸になります」のように不特定多数にメールを伝播することを要請するものです。デマメールは、偽のマルウェア情報を広めようとするものです。

補足*5

過去に利用したWebサイトなどで使っていたIDとパスワードが、不正侵入などにより漏えいしたということがある。個人を特定されたというわけではないが、攻撃者はこのようにして得たIDとパスワードの組み合わせのリストを悪用する。

4-1 セキュリティの脅威

3 マルウェアと不正アクセス

コンピュータがマルウェア（不正プログラム）に感染したり、不正アクセスを受けたりすると、さまざまな被害を受けることになります。ここでは、マルウェアと不正アクセスの被害について学習します。

1 マルウェアによる被害

インターネットに接続したパソコンやスマートフォンなどのコンピュータは外部からアクセスできる状態にあります。インターネットの利用者の中には、他人のコンピュータを悪用しようとする悪意を持った人もいます。

他人のコンピュータに被害を与えようとするために用いられる代表的な手段の1つが、マルウェア（不正プログラム）の利用です［補足*1］。マルウェアは、コンピュータ上のデータ破壊や改ざん、個人情報の漏えい、コンピュータの乗っ取りなど不正かつ有害な動作を目的として作られたプログラムです。このようなプログラムが自らのパソコンやスマートフォン上で動作してしまうと、甚大な被害を受けることになります。

補足*1

マルウェア（Malware）は、Malicious Software（悪意のあるソフトウェア）を略した言葉。

コラム ● マルウェア感染による冤罪被害

使用するパソコンがマルウェアに感染すると、遠隔操作されてほかのコンピュータやシステムへの攻撃に荷担させられることがあります。それだけではなく、場合によっては犯罪者として逮捕されるという事態に陥るかもしれません。

2012年、掲示板、自治体HPなどに犯罪を予告する書き込みが連続して行われ、うち1つは飛行機の爆破予告であり、それにより離陸済みの飛行機が途中で引き返すこととなりました。警察の捜査の結果、IPアドレスを手がかりに複数名が威力業務妨害で逮捕され、後にパソコンがトロイの木馬タイプのマルウェアに感染した結果によるものであると発覚したものの、取り調べの過程で容疑を認めてしまった人もいました。

その後、犯行声明などを経て真犯人は逮捕されましたが、マルウェア感染により無関係の一般人が犯人に仕立てられる可能性もあることを覚えておかなくてはいけないでしょう。自分の身を守るためにも自分自身でマルウェア感染対策をきちんと行う必要があります。

2 マルウェアの種類

以前はウイルスタイプのものがほとんどでしたが、図表4.1.6に示すようにさまざまな種類のマルウェアが登場しています。

図表4.1.6　おもなマルウェア（不正プログラム）の種類

種類	特徴
ウイルス	一般的にコンピュータウイルスまたは単にウイルスという［補足*1］。プログラムやファイルなどに寄生して、コンピュータ上のデータの破壊や漏えいを行う。また、ほかのコンピュータに自身を感染して広がっていく。
ワーム	単体で破壊活動をするプログラムの一種。ユーザに気づかれないようにして、自分自身のコピーを大量にばらまく。
トロイの木馬	自分で感染する機能はないが、有益なプログラムなどを装い、ユーザのコンピュータに入り込む。その後は、コンピュータ内のデータを破壊したり、個人情報を盗み出してネットワークを通じて外部に送信したりする。
ボット	攻撃者の用意した司令塔となるサーバなどの命令を受け、不正行為を行うプログラム。命令を受けるまで潜伏しているのが特徴。破壊や情報漏えいのほかに迷惑メールの中継地としても悪用される。
スパイウェア	感染したコンピュータから盗み出したデータを外部に送信するプログラム。Webブラウザの閲覧履歴、ID・パスワードなどの個人情報を盗み出すほか、勝手に広告を閲覧させるスパイウェアもある。スパイという名のとおり、Webサイトの閲覧中、またはソフトウェアをインストールしたときに気づかれないように侵入する。ユーザのキーボードの入力操作を外部に送信するキーロガーもスパイウェアの一種。
マクロウイルス	マクロ機能［用語*2］を利用したマルウェア。文書ファイルだと思って開くと、マクロウイルスが活動を開始する。

マルウェアを使った攻撃の手口は年々高度化し、ランサムウェアのように新種のマルウェアが次々と現れています。

• ランサムウェア

ランサムウェアは、パソコンやスマートフォンを利用できないようにして、復旧するために「身代金」を支払うように脅迫するマルウェアです。画面をロックしたり、保存されているファイルの暗号化を行ったりします（図表4.1.7）。支払方法には仮想通貨が指定されることが多く、攻撃者の特定が難しくなっています。

補足*1

本来はマルウェアの一種であるコンピュータウイルス（またはウイルス）を、不正プログラム全体を指す言葉として広い意味で使用することもある。

用語*2

マクロ機能
Microsoft Wordなどにおける複数の操作を記憶して、自動的に実行する機能のこと。

図表4.1.7　ランサムウェアの例

警告！

お客様のファイルは暗号化されました。
これを修復するためには、
$300の支払が必要です。
お支払のない場合、ファイルは失われます。

支払期限

20XX/XX/XX XX:XX:XX

残り時間

71:42:36X

お支払はこちらをクリック

感染するとスマートフォンなどの画面上にこのようなメッセージが表示され、操作ができなくなる。

3 マルウェアの感染経路

マルウェアがコンピュータに感染する経路はさまざまです。感染経路を理解しておくことで、マルウェアの感染防止に役立ちます［補足*3］。

• Webページを閲覧して感染するタイプ

Webページ上に配置したマルウェアをユーザに実行させる、Webページ上で使われているスクリプトが自動実行されることで感染する［補足*4］場合などがあります。

• ダウンロードにより感染するタイプ

問題のないアプリケーションソフトのように見せかけて実際はマルウェアをダウンロードさせ、ダウンロードしたマルウェアを実行させて感染させる手口です。

• USBメモリなどの記録メディアにより感染するタイプ

USBメモリなどの記録メディアにマルウェアが仕込まれていて、USBメモリをパソコンに接続すると自動的にプログラムが実行されて感染します。

• 電子メールにより感染するタイプ

電子メールの添付ファイルまたはHTMLメールの本文中にマルウェアが含まれていて、ユーザがこれを実行、閲覧する操作などにより感染

補足*3

このほかの感染経路に、ファイル共有ソフト（WinnyやShareなど、P2Pソフトともいう）を介した感染、ネットワーク上のファイル共有を利用した感染などがある。

補足*4

Webページを記述するための言語HTMLでは、スクリプト（JavaScriptなど）と呼ばれる小さなプログラムを埋め込み、閲覧の際にそれを実行させることができる。この仕組みを悪用したマルウェアが存在する。

します。

マルウェアを利用した攻撃手段は高度化しており、ドライブバイダウンロードのように、利用者に気づかれないようにバックグラウンドでマルウェアをダウンロードさせる手法もあります。

• ドライブバイダウンロード

ドライブバイダウンロード（Drive-by Download）は、Webサイトを閲覧しただけで自動的にマルウェアに感染させられるという攻撃手段です。利用者が気づかないうちに（利用者の承諾なしに）感染していることが特徴です。攻撃者は、正規のWebサイトに不正アクセスしてこれを改ざんしておき、利用者がセキュリティホール［用語*5］のあるWebブラウザで閲覧すると攻撃コードを送り込まれ、マルウェアがダウンロードされます。

用語*5

セキュリティホール
OSやソフトウェアなどに生じる情報セキュリティ上の欠陥のこと。本項「4 不正アクセスの被害と種類」を参照。

スマートフォンやタブレット用のアプリの中にマルウェアが潜んでいることもあります。

• スマートフォン用の不正アプリ

スマートフォン用のアプリの中には、正規のアプリを装ったマルウェアや、陰で個人情報を盗み出すスパイウェアが配布されている場合があります。アップル社が提供しているApp Storeやグーグル社が提供しているGoogle Playストアでは、アプリにマルウェアが存在していないかなどを検知し、審査することで危険なアプリを掲載しないようにしていますが、中にはこれらの審査をくぐり抜けた不正なアプリも存在します。

また、App StoreやGoogle Playストアが提供するサイトとは無関係な非公式サイトで配布されているアプリも存在します。このようなアプリは審査やマルウェアの検知などが行われていないのでマルウェア感染のリスクが高まります。

4 不正アクセスの被害と種類

第三者が外部からコンピュータ内のデータを盗み見たり、攻撃を仕掛けたりすることを、不正アクセスといいます。

以前は、不正アクセスの対象はおもにサーバでしたが、高速なインターネット接続の普及により、個人ユーザ所有のコンピュータにまでその対象が拡大しています。

不正アクセスはその手口やコンピュータに与える影響によって、いくつかの種類があります。よく知られているものを以下に紹介します。

・セキュリティホールの攻撃

OSやアプリケーションソフトには、プログラム上の不具合や設計ミスなどが原因となって生じる弱点があり、これをセキュリティホールや脆弱性と呼んでいます。この弱点が攻撃されると、システム内部に侵入されたり、情報を改ざんされたり、機密データが盗み出されたりするトラブルが生じます。

PDFやFlash、画像といった実行しないファイルであっても、閲覧するためのソフトウェアにセキュリティホールがあると、そのセキュリティホールが悪用され、データを閲覧するだけで被害を受けることがあります。

また、セキュリティホールが見つかるとOSやソフトウェアの開発メーカーが速やかに修正プログラムをリリースし、これを正しく適用することで攻撃を防ぐことができますが、セキュリティホールの発見から修正プログラムの適用までの時間は無防備となり、防御することが非常に困難となります。この間に仕掛けられる攻撃をゼロデイ攻撃といいます。

・踏み台攻撃

踏み台攻撃とは、不正アクセスしたコンピュータを中継地点として利用し、ほかのコンピュータを攻撃することをいいます。攻撃者は、不正アクセスの痕跡を消してしまうことが多いので、踏み台にされているコンピュータのユーザが攻撃しているように見えてしまいます。

・DoS攻撃（サービス不能攻撃）

DoS（Denial of Service）攻撃とは、標的とするサーバに処理能力の許容範囲を超えるような大量のデータを送り付け、システムを動作不能な状態にすることでサービスを提供できないようにしたり、システムそのものをダウンさせたりする攻撃のことをいいます。

DoS攻撃のうち、多数のコンピュータから攻撃を仕掛けるものをDDoS（Distributed Denial of Service）攻撃といいます。DDoS攻撃は、多数の攻撃者が結託して仕掛けることもありますが、マルウェアに感染したコンピュータが荷担させられることもあります。

・スニファリング（パケット盗聴）

ネットワーク上で送受信されているデータ（パケット）を盗み見し、そこから他人のIDやパスワードを盗み出すことをいいます。暗号化を施していない無線LANの電波を盗聴することで個人情報を取得されることもあります。

・パスワード攻撃

パスワードが盗まれると、正規ユーザではない人物によりサービスに不正アクセスされてしまいます。キーロガーやソーシャルエンジニアリングの手法によりパスワードが盗まれて不正アクセスされることもありますが、類推したパスワードを繰り返し試すという方法で不正アクセスを試みる手法もあり、これをパスワード攻撃（パスワードクラック）といいます。パスワード攻撃には、Webサービスなどが保管しているログイン情報（IDとパスワードの組み合わせのリスト）が流出して使われるリスト型攻撃［補足*6］、あらゆる文字の組み合わせを試す総当たり攻撃（ブルートフォース攻撃）、辞書に載っている単語を試す辞書攻撃などの方法があります。個人情報をもとに類推する方法もあります。

インターネット上のサービスの多くは、ログインに数回失敗すると一定期間アカウントをロックしてログインができないようにするなどの対策を講じていますが、中には無制限にログインを試すことができるものもあります。こうしたサービスの場合、時間はかかりますが繰り返し攻撃を仕掛けられることにより不正アクセスされることになります。

補足*6

ルータやIoTデバイスなどの機器の出荷時の初期パスワードがリストになってインターネット上に出回っていることもある。

・SNS認証連携によるアカウントの乗っ取り

サービスの会員登録やログインの際にSNSのアカウントを利用するSNS認証やアプリ連携という認証方法があります。あるサービスで認証の際に、「Facebookでログインする」などの項目を選択し、Facebookの認証手続きを行うことで元のサービスの認証が行われるという仕組みです。元のサービスでは、連携したSNSのアカウントを利用する権限を得ることができるので、これを悪用し、アカウントが乗っ取られて不正利用が行われることがあります。SNSで閲覧した広告をクリックし、アプリ連携の求めに応じて許可や認証を行った結果、不正利用につながったということもあります。

4-2 日常的に必要な対応

1 インターネットの安全な利用

インターネットを安全に利用するためには、日常的に危険に備えようとする心がまえが重要です。ここでは、個人情報の適切な管理と日常的に心がけておくべきセキュリティ対策について学習します。

1 個人情報の適切な管理

■個人情報を守るための心がまえ

インターネットのサービスを使っていると、SNSの投稿、ショッピングサイトやWebサービスの会員登録など、さまざまな場面で個人に関する情報を入力したり公開したりする機会が増えます。一度インターネット上に流出した情報は削除することはほぼ不可能であり、個人情報を何も考えずに入力・公開してしまうと、これらを悪用されたトラブルを招くことになります［補足*1］。個人情報は自身で管理する必要があるということを頭に置いて、安易に個人情報を公開していないか、必要以上に情報を提供していないかということに疑問を持つことが大切です（図表4.2.1）。

補足*1

ビッグデータの解析により、断片的な情報から個人の性格や行動パターンなどを推定（プロファイリング）できるようになり、これらの推定情報を事業活動に利用する企業もある。プロファイリングの精度が低く、間違った推定情報をもとに個人の権利利益が侵害される可能性もある。

図表4.2.1　個人情報の漏えいを防ぐための心がまえ

個人情報を守るために

- SNS、動画共有サービス、口コミサイト、ブログなどでも、安易に個人情報を書き込まないように注意する。
- ショッピングサイトでクレジットカード番号など重要な個人情報を送信する際には、通信が暗号化されているか確認する。
- 電子メールなどのリンクをクリックしてWeb サイトを表示した場合、フィッシング詐欺の可能性があるので、個人情報を入力しない。
- 投稿する内容によってSNS の公開範囲を制限する。
- 自宅が特定されるような写真や、GPS の位置情報を付加した写真を安易に投稿しない。
- 利用しなくなったSNS などのサービスのアカウントを削除する。

• 個人情報を安易に入力・公開しない

SNS、動画共有サービス、口コミサイト、レビュー、ブログなどインターネット上に投稿する内容は、誰かの目に触れることになります。個人にかかわる情報を書き込む場合は、その情報を誰が閲覧するかを考えましょう［補足*2］。個人情報の入力を要求するサービスを利用する場合は、そのサービスが信頼できるかどうかをよく確かめてから利用するようにしましょう［補足*3］。

• 暗号化通信を利用する

インターネット上の通信や無線LANなど、通信経路上の情報が盗聴されたり改ざんされたりすることがあります。SSL/TLSなどの暗号化通信を利用して盗聴や改ざんを防ぎます。

• URLのリンクを信頼しない

フィッシング詐欺は、電子メール、SMS（ショートメール）、SNSの投稿などに偽装サイトのURLのリンクを書いておき、ユーザを誘導して個人情報を入力させます。元のURLが一見しただけではわからない短縮URL［用語*4］を利用する手口もあります。よく利用するオンラインバンキングやショッピングサイトなどはブックマークを登録しておくなど、安全な方法でアクセスするようにします。

• SNSのプライバシー設定を利用する

SNSは、投稿の公開範囲をユーザ自身が管理できる設定になっているものがほとんどです。標準では誰でも閲覧できるようになっていることもあります。投稿する内容によって公開範囲を限定するなど、十分に注意しましょう。

• 利用しないアカウントを削除する

過去に利用していたSNSなどの投稿内容を放置しておくと、個人情報が流出するリスクを増やすことになります。登録したサービスのセキュリティ管理が不十分で個人情報が流出することもあります。利用していないサービスのアカウントは削除して、流出のリスクをできるだけ減らすようにします。

■共用パソコンで注意すること

インターネットカフェや旅行先で使用する共用のパソコンでは、会社や自宅で使っている個人のパソコン以上に注意が必要です。Webブラウザを利用すると、Cookie・フォームのデータ・閲覧履歴・キャッシュ

補足*2

写真に写り込んでいる様子、写真に付加された位置情報から自宅などの個人情報を特定される可能性もあるので留意する。

補足*3

信頼できるかどうかを判断する目安の1つとしてプライバシーマークの表示がある。プライバシーマークは、個人情報の取り扱いについて適切な保護措置体制を整備している事業者に使用が認められる。

▼プライバシーマーク

用語*4

短縮URL

URLの中には非常に長いものがあり、Twitterなどに投稿するには不都合な場合がある。そこで、十数文字程度で記述できる短縮URLが利用されている。この短縮URLにアクセスすると、実際のURLへ転送され目的のWebページを閲覧できる。

ファイル（インターネット一時ファイル）などのデータが残ります。極力プライバシーモードで開くか、通常のモードで利用した場合には、終了時にこれらすべてを削除します。また、共用のパソコンはセキュリティ管理が不十分である可能性が高いので、基本的にパスワードが必要な操作はできるだけ避けるようにしましょう［補足*5］。

以下に、共用パソコンを利用する際の注意点を示します。

- プライバシーモードを利用する。
- 閲覧履歴、Cookie、フォームのデータ、パスワード、キャッシュファイル（インターネット一時ファイル）を残さない。
- ログインしたサイトは必ずログアウトする。
- 自分で作成したファイルは削除する。
- ごみ箱を空にする。
- クレジットカードで買い物はしない。
- ネットオークション、オンラインバンキングなどのサービスは利用しない。
- 会員登録はしない。

補足*5
共用のパソコンに、キーボードの入力履歴を記録するキーロガーというスパイウェアが仕込まれていて、オンラインバンキングのIDとパスワードが盗まれ、多額の現金が盗まれるという被害が発生したことがある。

■端末や媒体の処分において注意すること

USBメモリ、DVD-Rなどの記録メディア、パソコン、スマートフォンなどには個人情報などのデータが保存されています。これらを処分する場合には、データが残らないように注意する必要があります。

DVD-Rなどの記録メディアは、切り刻んで物理的に読むことができないようにしてから破棄します。これらのメディアはプラスチックでできているためはさみでの切断が可能です。また、CD-RやDVD-Rに対応したシュレッダなども販売されています。

USBメモリ、パソコン内に搭載されるハードディスクやSSDは取り出して、データ消去専門の事業者で破壊すると安全です［補足*6］。ほかのユーザに譲り渡す場合は、ハードディスク消去ソフトやハードディスク消去サービスを利用して保存されたデータを完全に削除してから渡すようにします。なお、単なるデータ削除やフォーマット［用語*7］だけでは後からデータを復元できてしまうので安全ではありません。

スマートフォンやタブレットは、NTTドコモなどの通信事業者が無料で回収しています（2020年1月現在）。個人情報の保護に配慮した処分を行っているので安心です。

十分動作する機器なら、中古買取サービスを利用する方法もあります。データの取り扱いについては、ショップによってさまざまなので、確認することを忘れてはいけません。

補足*6
ハードディスクやSSDを物理的に破壊してしまえば、データを復元するのが困難になるが、これらのデバイスをユーザの手で物理的に破壊することは難しい。無理をせずに専用の事業者に廃棄を頼むようにしよう。

用語*7
フォーマット
ハードディスクなどの記録メディアを、パソコンなどの機器やOSの使用環境に合わせて使えるように初期化すること。

コラム●パソコンの廃棄

不用になったパソコンは、資源有効利用促進法に基づき、パソコンメーカーが回収・リサイクルしています。「PCリサイクルマーク」［補足*8］が貼付されているパソコンを廃棄する場合は、パソコンメーカーに無償で依頼することができます。なお、PCリサイクルマークの付いていないメーカー製パソコン（2003年9月までに購入された製品）の廃棄をメーカーに依頼する場合は、回収再資源化料金が必要です。

補足*8

▼PCリサイクルマーク

2 セキュリティ対策の適切な実施

スマートフォンを中心に、日常的に行っておきたいセキュリティ対策について、以下に示します。

■不正アプリ対策

スマートフォンでは、不正アプリを通してマルウェアに感染したり端末内の個人情報が盗まれたりします。不正なアプリをインストールしないようにするには、インストールする際にアプリが利用する機能を確認します（図表4.2.2）。たとえば、電卓アプリであるのに電話帳の連絡先やネットワークに接続する機能を利用するのは不自然です。利用中のアプリがアップデートなどで端末内の情報へのアクセスの許可を追加で求めてくる場合は適切かどうか必ず確認するようにします。なお、インストール済みのアプリに許可している権限は、設定画面から確認すること

図表4.2.2　アプリの権限の確認（Google Playストア））

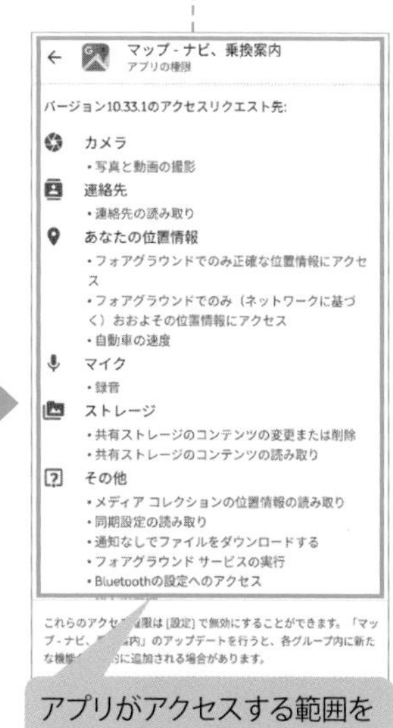

ができます（図表4.2.3）。

図表4.2.3　インストール済みのアプリの権限の確認（Android）

設定からアプリ情報を確認することができる。

■機器の不正利用の防止

個人情報が大量に保存されたスマートフォンの紛失・盗難により、スマートフォン内の情報を丸ごと盗まれてしまうかもしれません。スマートフォンから目を離した隙に他人にのぞき見されるという可能性もあります。他人に不正利用されないようにするために、ログインパスワードの設定や画面ロック機能を利用します。モバイル機器によってはPINコードやパスワードの入力だけでなく、指でなぞった軌跡からロックを

図表4.2.4　指でなぞった軌跡を利用した認証

解除する方法（図表4.2.4）、カメラを利用する顔認証、センサを利用する指紋認証などさまざまな方式を用意しています。

紛失・盗難時には遠隔操作により情報を守ることもできます。たとえばGoogleでは、「端末を探す」という機能により、端末内のデータの消去機能を提供しています（図表4.2.5）［補足*9］。

補足*9

スマートフォンのGPSが有効になっていないと機能を利用することができない。

図表4.2.5　遠隔操作による端末のデータの消去（Google アプリ版）

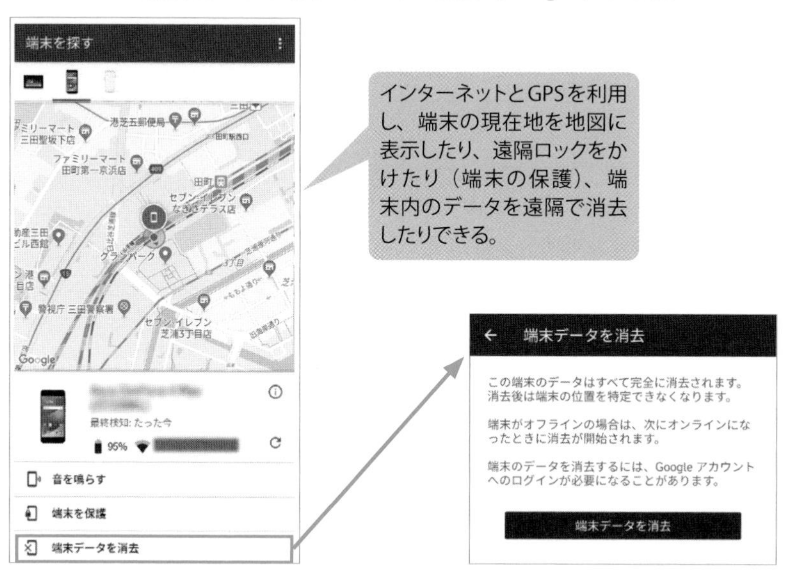

コラム ● iPhoneのAirDropの利用

iPhoneやMacには、無線通信で、近くにあるアップル社製の端末間で画像や動画などのファイル、URL、位置情報などを交換できるAirDropという機能があります。Wi-FiとBluetoothを有効にするだけで情報を交換できるという手軽さでiPhoneユーザに広く利用されていますが、設定によっては近くにいるだけで利用できてしまうので、その仕組みを悪用してわいせつ画像を送るなどの痴漢行為を働く人もいます。また、AirDropで通信可能な相手にスマートフォンに登録した名前が表示されて個人情報が漏れる可能性があります。AirDropでは不特定多数から情報を受信しないように設定しておきましょう。

■OSやアプリのアップデート

スマートフォンのOSやアプリは、常に最新にしておくことで、マルウェア感染や不正アクセスを予防することができます。サポート期間中は更新プログラムが開発メーカーから提供されるので、更新の通知が届いたら対応しましょう［補足*10］。また、自動更新が設定できるときは有効にしておきましょう。

補足*10

更新プログラムはデータ容量が大きいことが多いので、Wi-Fi接続時のみアプリを自動更新する設定にしておくとデータ通信量を節約できる。

■公衆無線LANの安全な利用

公衆無線LAN（公衆Wi-Fi）は、無料で提供されていることも多く手軽で便利ですが、暗号化されていないサービスも多く、暗号化されていたとしてもユーザは全員同じパスワードを使用するので、同じネットワーク内のファイルを不正に見られるなど、通信内容が盗み見される可能性がより高くなります。一時的な利用程度に留めておく、利用後は設定を削除する、パソコンなどのファイル共有設定はオフにしておくようにします［補足*11］。

補足*11

公衆無線LANの利用では、キャプティブポータル（「3-2-1 インターネットへの接続環境」を参照）という仕組みを悪用した偽装の認証サイトに誘導される危険性もある。また、公衆無線LANを利用する可能性が高くなる海外では、VPN（Virtual Private Network）という仮想的なプライベートネットワークを併用することが望ましい。

■セキュリティソフトの利用

セキュリティソフトは、マルウェアのスキャン、フィッシング詐欺サイトや不審なWebサイトの警告、接続している無線LAN（Wi-Fi）の安全性の確認など、スマートフォンの安全性を保つためのさまざまな機能を備えています。

コラム● 安全性と快適さのトレードオフ

セキュリティソフトは端末を監視するために常に動作しているので、端末の動作が遅くなることがあります。問題のない操作を問題ありと誤認識することもあります。また、パスワードは複雑で長いものを個別に設定するほうが安全性は高まりますが管理に手間がかかります。

このように、セキュリティ関連の機能は、利用することで多少なりとも不便さが生じます。安全性と動作の快適さはトレードオフ（一方を追求しようとすると他方を犠牲にしなければならなくなる）の関係にあります。セキュリティ機能を無効または簡易にすれば、動作は快適になりますが、動作が遅くなったとしても安易にセキュリティ機能を無効にしないほうが安全です。マルウェアや不正アクセスなどの攻撃はいつ行われるかわかりません。仮に一時的にセキュリティソフトを無効にした場合でも、その間にマルウェアに感染する危険性があります。

■バックアップ

スマートフォンなどの端末に記録されているデータには、流出の危険だけではなく、端末の盗難や故障、マルウェア、人為的ミスなどによる破損や紛失の可能性もあります。ふだんからバックアップをとっておき、これらの危険に備えておく必要があります［補足*12］。バックアップ先には故障に備えて元のデータとは異なる別の記憶装置やメディアを選びます。スマートフォンのデータの場合は、パソコン、内蔵のSDカード、あるいはクラウドサービスを利用します。

また、ファイルを暗号化しておくと端末が盗まれてもデータの流出を防ぐことができます。

補足*12

バックアップがあると、ランサムウェアのようにファイルを暗号化するマルウェアに感染しても、感染前の状態に戻せることがある。

4-2 日常的に必要な対応

2 パスワードの管理と認証

インターネット上のサービスの多くは、利用の際に認証手続きが必要です。ここでは、認証の際に利用するパスワードの適切な管理と、さまざまな認証手続きの方法について学びます。

1 パスワード管理と認証の重要性

SNS、ショッピングサイト、オンラインバンキングなどのインターネット上のサービスの多くでは、サービスを利用するためのアカウントを作成します。アカウント情報には、ユーザを一意に認識するためのID（ユーザ名）と、対応するパスワードなどを登録し、これらをログインのために利用します。ログインの際にIDとパスワードの組み合わせが正しければ正当なユーザであると認められ、サービスの利用が許可されます。

このように、正当なユーザかどうかを確認することを認証といいます。サービスだけではなくスマートフォンやパソコンなどの機器を利用する場合など、さまざまな場面で認証手続きが行われます。

認証手続きには本人であると確認するためにさまざまな認証方法が利用されますが、IDとパスワードの組み合わせが多く利用されています。パスワードは、本人以外の人には決して知られてはいけない秘密情報であり、流出すると他人にサービスを不正利用されることになるので適切な管理が必要です。

2 パスワードの設定や管理上の注意点

インターネット上のサービスで利用されるパスワードは、数字とアルファベット、サービスによっては記号も取り入れて設定します［補足*1］。攻撃者はさまざまな方法でパスワードを推測しようとするので、パスワードが流出しないように、以下に留意して設定しましょう。

• パスワードには電話番号や生年月日、自分の名前などを使わない

個人に関する情報をパスワードにすると他人から類推されやすいので使用しないようにしましょう。ユーザ名と同じ、ユーザ名から類推できるもの、家族の名前なども同様です。

補足*1
多くのサービスでは、パスワードを設定する際に、パスワードに入力した文字列がどの程度安全か、「レベル：弱」「中程度」のように強度を示している。大文字と小文字を混ぜる、複数の文字種を組み合わせることを必須としているサービスもある。

- **パスワードには単純な単語を使わない**

辞書に載っているような単語やその組み合わせは、推測の可能性が高くなるので避けましょう。日付、99999999、12345678、abcdefgのように、数字やアルファベットの単純な羅列や繰返しも推測が容易です。

- **ほかのサービスと同じパスワードにしない**

複雑なパスワードを設定しておいたとしても、1つのサービスでログイン情報が漏えいすると、その情報を使ってほかのサービスにもログインされることになります。管理が煩雑になりますが、サービスごとにパスワードを変えておくほうがより安全です。

推測しにくいパスワードに設定したとしても、ソーシャルエンジニアリングの手法によりパスワードが流出する可能性もあります。ソーシャルエンジニアリング対策として、以下に留意してパスワードを管理します。

- パスワードを入力するところを人に見られないようにする。
- パスワードを書いたメモなどを人の目にふれやすい形で残さない。
- パスワードを人に聞かれても教えない。

なお、従来、パスワードの定期的な変更が推奨されていましたが、現在は定期的な変更よりもそれぞれのサービスで固有かつ長いパスワードを設定するように推奨されています。ただし、アカウントの利用状況は定期的に確認し、アカウントの乗っ取りや、サービス側からパスワードが流出したといった事実が発覚した場合は速やかにパスワードを変更しましょう。

機器のログイン、サービスへのログインなど、さまざまな場面でパスワードの設定や入力が求められます。利用するサービスが増えれば増えるほどパスワードの数も増えてくるので、管理もルーズになりがちです。ID・パスワード管理ソフトを利用すると、煩雑になる複数のパスワードを暗号化して一括管理することができます。ID・パスワード管理ソフトに管理用パスワードを設定して利用する形態が一般的ですが、管理用パスワードが盗まれるとすべてのパスワードが流出してしまいます。管理用パスワードを厳重に管理する、またスマートフォン用の管理アプリを利用する場合は端末を厳重に管理するようにしましょう。

コラム● ソフトウェアキーボード

キーボードからの入力を記録するキーロガーというスパイウェアに感染していると、パスワードの入力を記録されて流出することがあります。これを防ぐためにオンラインバンキングなどでは、画面上にキーボードを表示し、クリックで入力するソフトウェアキーボードを用意しています。なお、位置情報からパスワードを解析するマウスロガーというスパイウェアもあるので、ソフトウェアキーボードの多くはキーの配置をランダムに変更する機能を備えています。

3 ワンタイムパスワード

IDとパスワードによる認証の安全性をさらに強化するために利用されるのがワンタイムパスワードです。ワンタイムパスワードは、その名のとおり、一度限りの使い捨てパスワードで、認証のたびに異なるパスワードを利用することで使いまわしを防いでいます。ワンタイムパスワードを生成する方法には、スマートフォン向けのワンタイムパスワード生成アプリを利用する方法、パスワード生成用の小型の機器を利用する方法、電話、SMS、電子メールなどを利用して伝える方法などがあります。

なお、ワンタイムパスワードの中には、一定時間内同じパスワードが利用されるものもあり、その場合は一度限りの利用より安全性が低くなります。また、通信経路上の盗聴などでワンタイムパスワードが盗まれることもあり、フィッシング詐欺では偽装サイトにワンタイムパスワードを入力させて不正利用する攻撃事例もあります。

4 さまざまな認証方法

IDとパスワードの入力以外の認証方法も増えています。

■生体認証

生体認証は、パスワードを入力せずに、指紋や虹彩、静脈などの個人に特有の生体情報を利用した認証方法です。パスワードを入力する煩雑さがなく、漏えいの危険も低くなります。スマートフォンやパソコンのロックの解除に利用されています。

■USBキーによる認証

USBキーは、インターフェースのUSBに挿して利用する物理的なキーです。おもにパソコンなどで利用されています。USBキーを挿しているときだけパソコンが利用できるようになり、USBキーを抜くとパソコンがロックされます。

■SNS認証連携

1つのIDとパスワードによるログインで、複数のサービスの認証を行う仕組みを認証連携といいます。SNSのアカウントの認証によりほかのサービスの認証を行うSNS認証連携が広く利用されています。ユーザ側にとっては複数の認証情報を管理する手間が省けるという利点がありますが、仕組みを利用してSNSのアカウントを不正利用する悪質なサービスもあります。信用できるサービスのみ利用する、利用しないサービスの連携は解除するようにします。

■2要素認証、2段階認証

安全性をより高めるために、通常のIDとパスワードによる認証に別の認証手段を組み合わせる方法があります。2要素認証（または多要素認証）は、1つの要素による認証に別の要素の認証を組み合わせる方法です。要素には、「本人だけが知っていること（パスワードなど）」「本人だけが所有しているもの（USBキーなど）」「本人自身の特性（生体情報など）」があります。オンラインバンキングで振込操作に、取引用パスワードの入力と一緒に乱数表の数字の入力を求めるといった方法が2要素認証です［補足*2］。

通常のIDとパスワードによる認証の後にワンタイムパスワードによる認証を行うような認証方法は、2段階認証（または多段階認証）といいます。たとえばGoogleでは、IDとパスワードを入力した後に、確認コードが送られてきて、これを入力すると認証が完了します。

補足*2

パスワードは本人だけが知っている情報、乱数表の数字は本人だけが所有している情報。乱数表は、オンラインバンキングなどのサービスで利用者ごとに発行される、ランダムな文字列が一覧表のように記載された表のこと。

コラム●秘密の質問

「秘密の質問」は、パスワードを忘れてしまった場合やいつもと異なる環境や状況からのログインがあった場合に、本人確認を行うために利用される機能です。「初めて行った海外は？」「台湾」のように、利用者しか知らない質問と答えの組み合わせをあらかじめ設定しておきます。

「秘密の質問」は、利用者の生活や経歴に紐づいたものが多く、SNSなどの情報から答えがわかってしまうこともあるので、他人が推測しづらい質問と答えの組み合わせを選ぶようにしましょう。

4-2 日常的に必要な対応

3 マルウェアと不正アクセス対策

マルウェアや不正アクセスからパソコンやスマートフォンなどを守るには、適切な対策を施しておく必要があります。ここでは、対策方法や日常行うべきことについて学習します。

1 マルウェア感染の予防

マルウェアの被害を受けないためには、まずは感染しないことが重要です。次のような対策を講じることで感染の可能性を減らすことができます。

■マルウェア対策ソフトの導入

マルウェア対策ソフト（セキュリティソフト）は、コンピュータ上にマルウェアが潜んでいないかを検知するプログラムです。ファイルのダウンロード時や電子メールの受信時、Webページの閲覧時などにマルウェアの自動検知を行います。マルウェアが見つかるとユーザに警告を行う、隔離した場所にマルウェアを移動する、感染したファイルを削除する、マルウェアをファイルから除去するなどの処理を行います［補足*1］。マルウェア対策ソフトが備える機能は種類によって異なり、フィッシング詐欺サイトを警告する機能、不正アクセスを防御するファイアウォール機能を備えるものもあります。

補足*1
マルウェアの除去を行った後は、すべてが感染前の状態に戻るわけではない。修復できない場合は、パソコンの再セットアップなどが必要になる。

• マルウェア対策ソフトの種類

マルウェア対策ソフトを販売するメーカーには、トレンドマイクロ社、シマンテック社、マカフィー社、カスペルスキー社、ウェブルート社などがあります。OSに標準で搭載されているマルウェア対策ソフトもあり、Windows 10には、スパイウェアも含めたマルウェアの検知と除去を行うアプリケーション「Windows Defender」が標準で搭載されています。

• マルウェア対策ソフト利用上の注意

現状、マルウェア対策ソフトがあらゆるマルウェアを検知することは難しくなっています。マルウェア対策ソフトの導入は重要ですが、あくまでも感染の可能性を減らすためのものと認識しておきましょう。また、複数のマルウェア対策ソフトを1台のコンピュータに導入すると競合して十分に機能しないことがあります。基本的に1台に1種類のマルウェア対策ソフトを導入するようにしましょう。

・スマートフォンにおけるマルウェア対策ソフトの導入

近年、スマートフォンを狙ったマルウェアも急増しており、不正アプリやWebサイト閲覧によるマルウェア感染の危険性などに備えて、スマートフォン向けのマルウェア対策アプリを導入しておくことが安全につながります（図表4.2.6）。ただし、これらのアプリの中には、機能が十分ではないもの、実態は不正アプリであるものもあります。事前にアプリがアクセスする範囲を確認する、信頼できるメーカーのマルウェア対策アプリを利用する必要があります。

図表4.2.6　スマートフォン向けのマルウェア対策アプリ（マカフィー モバイルセキュリティ）

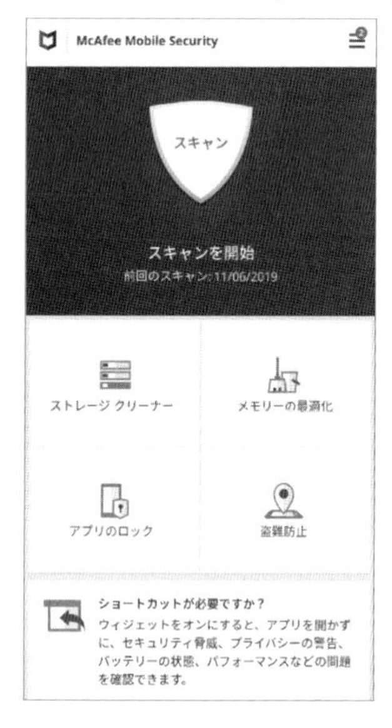

コラム ● 移動体通信事業者におけるマルウェア対策

NTTドコモなど移動体通信事業者では、スマートフォンを安心して利用するために、マルウェア対策、危険なWebページの閲覧制限などを行うセキュリティ対策アプリを提供しています。スマートフォンなどの安全を保つためにできるだけ信頼できるアプリを利用するようにしましょう。

・定義ファイルの更新

マルウェア対策ソフトがマルウェアを検知する方法の1つが、マルウェアのパターンを登録した定義ファイルを利用するものです。定義ファイルに登録されているマルウェアのパターンとコンピュータに侵入してきたファイルを照合し、パターンが一致するものをマルウェアと判断します。

定義ファイルを最新の状態に更新しておかないと、新種のマルウェアが登場したときに対応できなくなります。マルウェア対策ソフトを提供するメーカーが、定期的に定義ファイルの更新データを提供しています。手動による更新も可能ですが、より安全性を高めるために自動的に更新を行うように設定しておきましょう。

定義ファイルではなく、コンピュータ内のプログラムの動作を監視する形で検出する方法もあります。マルウェアに共通する動作や不審な動作をするものを検出して隔離や駆除を行います。

■電子メールによる感染の予防

電子メールの添付ファイルにマルウェアが仕込まれることがあります。拡張子が「.exe」や「.com」のようなファイル［補足*2］はマルウェアである可能性が高いといえます［補足*3］。たとえ知人から送られたものでも安易に開かずに、マルウェア対策ソフトで検査する、送信者に添付ファイルについて確認するなど注意を怠らないようにします。

JavaScriptなどのスクリプトを悪用したマルウェアが存在し、HTMLメールを表示するだけでマルウェアに感染することがあります。メールソフトでHTML中のスクリプトの機能を制限するものもありますが、送信側はスクリプトを使用したメールは送らない、受信側も不審なHTMLメールを開封しないなど対策を講じる必要があります。

■ダウンロードによる感染の予防

フリーソフトなどをインターネットからダウンロードする場合は、信頼できるサイトかどうかを確認し、ダウンロードした場合はマルウェアチェックを行うことが必須です。フリーソフトにマルウェアが埋め込まれている危険性のほかに、個人情報取得を目的としたフリーソフトも存在します。

■OSやアプリケーションのアップデート

Windowsなどの OSや各種アプリケーションには、セキュリティホールが存在していることがあります。セキュリティホールをそのままにしておくと悪用されてマルウェアに感染する場合があります。そのため、OSやアプリケーションをアップデートして最新の状態にしておくことが大切です。OSやアプリケーションのアップデートについては後述します。

補足*2

プログラムを実行するファイルは、拡張子が「.exe」、「.com」などと決められている。マルウェアの多くはこうした実行ファイルだが、中にはアイコンやファイル名を偽装して、文書ファイル（.txt）や画像ファイル（.jpg）を装うマルウェアもある。

補足*3

拡張子が「.exe」などの実行ファイルは、マルウェア感染の危険性があるとして、ほとんどの場合、メールサーバやメールソフトで削除される。

■データの受け渡しにおける感染の予防

メモリカードやUSBメモリの中に保存されているプログラムや文書ファイルが、マルウェアに感染していることがあります。ほかの人から受け取ったファイルは、利用する前にマルウェアチェックを行いましょう。

■セキュリティ情報の収集

マルウェア対策ソフトを提供する会社や独立行政法人情報処理推進機構をはじめとする公的機関が、マルウェア感染に関する参考情報を公開しています。これらの情報も積極的に活用しましょう［補足*4］。

補足*4

情報処理推進機構（IPA）では、マルウェアや不正アクセスなどのセキュリティに関する情報を公開している（http://www.ipa.go.jp/security/）。また、内閣サイバーセキュリティセンター（NISC）は、Twitterでセキュリティに関する情報を発信している。

2 マルウェア感染時の対応

マルウェアに感染してしまった場合の対処法も知っておきましょう。

マルウェアに感染した可能性を感じたら、無線LAN機能をオフにする、LANケーブルを抜くなどしてネットワークへの接続を切断します。これは、同じネットワークを利用するほかの機器への感染を防ぐための措置です。

次に、マルウェア対策ソフトで、システム全体を検査します。すでに知られているマルウェアであればマルウェアを除去できます。

マルウェアを除去できた場合でも、ネットワークに接続されているほかのコンピュータがすでに感染している場合があります。そのため、ほかのコンピュータについても感染していないかを確認することが重要となります。

除去できない場合は、安全な別の機器を使って、マルウェア対策ソフトを提供している会社のWebページに情報を求めましょう。新しい定義ファイル、あるいはワクチンプログラム［用語*5］が配布されることもあります。

用語*5

ワクチンプログラム

マルウェアを検知し、除去するソフトを、ワクチン（プログラム）という。大きな被害が予想されるマルウェアの場合は、そのマルウェア専用のワクチンが無償で配られることがある。

3 Webサイトの危険の検知

マルウェア感染やフィッシング詐欺などWebサイトの閲覧における危険を回避するには、危険なWebサイトそのものにアクセスしないようにすることが大切です。しかし、どのWebサイトが危険かを判断するのは困難です。

Webブラウザには、フィッシング詐欺サイトやマルウェアを配布しているサイトを危険なサイトとして検出し、アクセスするサイトが危険であると判断した場合にユーザに知らせる機能があります（図表4.2.7）。マルウェアをダウンロードしようとした際にダウンロードを中止する、危険なスクリプトが記述されているWebページでスクリプトを実行しないようにするといった動作をします。マルウェア対策ソフトに同様の機能が備わっていることもあります。

図表4.2.7　Webブラウザによる危険なWebサイトの検知（Google Chromeの例）

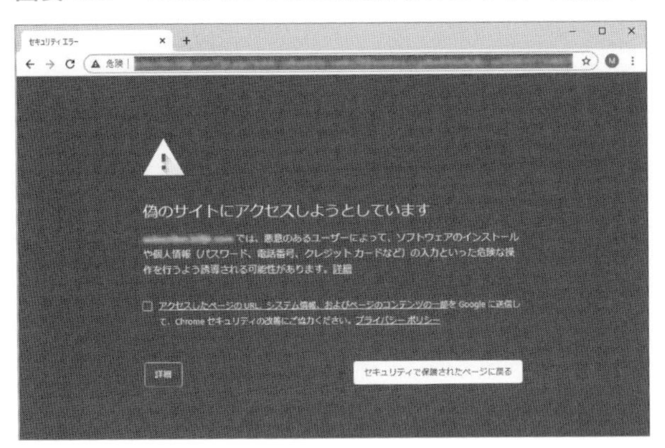

インターネット上には、アダルト情報、児童ポルノ、薬物や犯罪、暴力や自殺など、違法・有害な情報を掲載するサイトもあります。フィルタリングサービス（有害サイトアクセス制限サービス）を利用すると、これらの不適切なサイトにアクセスできないように制限することができます。フィルタリングサービスは、通信事業者などが無料で提供しています［補足*6］［補足*7］。

補足*6

フィルタリングサービスは、「安心アクセスサービス」(au)、「アクセス制限サービス」(NTTドコモ)、「ウェブ安心サービス」（ソフトバンクモバイル）の名称で提供されている。なお、18歳未満がスマートフォン契約を行う場合、携帯電話事業者はフィルタリングの設定などを行うよう義務付けられている。

補足*7

スマートフォンやタブレットなどを利用する子どもからインターネットの使いすぎや有害サイトへのアクセスを防ぐためには、利用できる機能を制限するペアレンタルコントロールの設定が有効である。

4 spam対策

一方的に届く迷惑メールをspam（スパム）といいます。迷惑メールをできるだけ受け取らないようにするには、以下の対策を講じます。

• メールアドレスの使い分け

メールアドレスが流出すると迷惑メールの被害にあいます。メインのメールアドレスとは別に、いつ捨ててもよいようなサブのメールアドレスを用意しておくと有効です。たとえば懸賞やアンケートなどに応募したい場合は、サブのメールアドレスを利用します。メインのメールアドレスは信頼できる相手にだけ使用するようにします。

• メールアドレスを安易に公開しない

Webを巡回してメールアドレスを収集するプログラムもあります。ブログなどでメールアドレスを公開する場合は、画像形式で掲載する、一部の文字を全角ひらがな・かたかなにするなどの対策を講じます。公開専用のメールアドレスを利用するという方法もあります。

• 迷惑メールに返信しない

迷惑メールを送る側は、自動的に生成したメールアドレス宛に無作為に迷惑メールを送ることもあります。迷惑メールに対して「配信停止手続き」を依頼するなど返信や連絡をしてしまうと、迷惑メールを送る側にメールアドレスが実在することを知らせることになるので逆効果です。HTMLメールの画像ファイルを読み込む仕組みを利用してメールアドレスの有効性を調べるものもあります。メールを表示する場合はテキスト形式にするか、画像を自動で表示しない設定にしておきます。

• メールソフトやISPの迷惑メール対策の利用

どうしても迷惑メールが多く届く場合は、メールソフトやISPの迷惑メール対策を利用します。メールソフトやマルウェア対策ソフトには迷惑メールを自動認識しブロックする機能を搭載しているものがあるのでこれを利用します。ISPなどは、メールサーバに届いた迷惑メールを自動除去する機能を提供しています。この機能を利用すると、メールソフトまで迷惑メールが届かなくなります［補足*8］。

• メールアドレスを変更する

迷惑メールがひんぱんに届くメールアドレスを捨て、新しいアドレスに変更するという方法があります。ただし、メールアドレスの変更を知人に通知する手間がかかりますので、最後の手段として考えましょう。

5 ファイアウォール

ファイアウォールは、LANのようなネットワークに対する攻撃を防御するための仕組みです。ネットワークの外部と内部との出入口で、通信内容を監視し、必要な通信だけを許可することで外部からの攻撃を防ぎます［補足*9］。

ファイアウォールは、パソコンなどの機器に対する不正アクセスを遮断する手段としても利用され、多くのセキュリティソフトがファイアウォール機能を搭載しています。基本的に外部からのアクセスをすべて

補足*8

すべての迷惑メールを除去できるわけではなく、重要なメールを迷惑メールと判断することもあるので、届くはずのメールが届かない場合は迷惑メールとして処理されていないかISPのサイトなどで確認する必要がある。

補足*9

ファイアウォール（firewall）は建物の防火壁のこと。

遮断し、必要に応じて許可するようになっています［補足*10］。

使用中のソフトウェアがネットワークに接続しようとしていることを感知すると、外部から接続されても問題ないかどうかを確認するための警告を表示します。ネットワークに接続しても問題ないと判断できる場合は、アクセスを許可します。プログラムが信頼できるかどうか判断できない場合には、アクセスを許可しないようにします。

Windowsなどの OSにもファイアウォール機能があります。Windowsの場合、ファイアウォールは初期状態で有効になっています。

なお、ファイアウォール機能が有効の場合、外部からアクセスを行うソフトウェアが使用できなくなることがあります。その場合は、通信を許可するソフトウェアを登録します。

補足*10

市販のセキュリティソフトのファイアウォール機能には、ソフトウェア単位の細かい設定、外部からの不正侵入による個人情報の流出の防止など、さまざまな機能が用意されている。

6 OS やソフトウェアのアップデート

OSなどのソフトウェアのプログラムは、バグといわれる不具合やセキュリティ上の問題点（セキュリティホール）を修正するためのアップデート（更新）という作業でセキュリティの状態を最新に保つ必要があります。OSを提供する企業は更新プログラムを定期的に提供しているので、できるだけ早くこれらの更新プログラムを適用します［補足*11］。たとえば、Windowsの場合はWindows Updateという名前でアップデートが行われます。なお、更新プログラムの提供はサポート期間中のみです。サポート期間が終了したOSやソフトウェアは使用しないようにしましょう。

Windows Updateをはじめ、OSのアップデートは自動的に行われるか、アップデートの存在が通知されるように設定されています。緊急性の高いアップデートの場合は自主的に更新作業を行うことでリスクを減らせるので、深刻なセキュリティ関連ニュースが出ていないか日頃から情報収集するようにしましょう。

OS以外のソフトウェアでも更新プログラムが提供されますが、ソフトウェアごとにアップデート方法が異なるので、それぞれのソフトウェアのマニュアルやWebサイトなどを参照して行います。

ネットワーク接続機能付き家電製品やネットワークカメラなどのIoTデバイスもOSやファームウェア［用語*12］のアップデートが必要ですが、アップデートの通知がないか、あっても気づかないなど、アップデートが行われないままセキュリティホールがそのままにされていることがあります。自主的に更新プログラムが公開されていないかチェックするようにしましょう。自動アップデート機能を備えている場合は設定を有効にしておきます。

補足*11

更新プログラムにより、新しい機能が追加されたり、操作性が一新されたりすることもある。

用語*12

ファームウェア

機器本体を制御するプログラムのこと。パソコンのファームウェアをBIOS（Basic Input/Output System：バイオス）という。

4 通信経路の暗号化

情報の盗聴や改ざんを試みる攻撃者が狙うのが情報の送受信を行う通信経路です。ここでは、通信経路上の情報を守る、盗聴や改ざんを防ぐための技術や心がまえについて学びます。

1 暗号化通信

■SSL/TLS

ショッピングサイトでは、決済のためにWebブラウザの画面でクレジットカード情報を入力したり、商品配送のために自宅の住所を知らせたりする必要があります。会員登録を行うサイトでも、住所などの個人情報の入力を求められることもあります。何もせずに情報をインターネット上に流してしまうと、途中で盗み見られる危険性があります。情報漏えいを防ぐ方法として通信を暗号化する方法があります。情報を暗号化する方式にSSL/TLS［用語*1］があります。

■Web閲覧における暗号化

WWWにおけるHTTP通信（URLがhttp://で始まる）は、平文［用語*2］を暗号化せずに送受信します。そこで、通信内容を暗号化するためにHTTPにSSL/TLSを組み合わせたHTTPSを利用します（URLがhttps://で始まる）。

多くのWebブラウザがSSL/TLSに対応しています。個人情報を入力するWebページが表示されたら、Webブラウザのアドレスバーを確認します。一般のWebブラウザの場合、アドレスバーに鍵のアイコンが表示されている場合は、SSL/TLSで暗号化が行われています（図表4.2.8）［補足*3］。

用語*1

SSL/TLS

SSL（Secure Sockets Layer）という規格がSSL 3.0までバージョンアップを重ねて、その次のバージョンからTLS（Transport Layer Security）という名称に変更された。2015年にSSLの使用は禁止され、実際にはTLSが利用されているが、SSLという名称が普及しているので、SSLまたはSSL/TLSのように表記されている。

用語*2

平文

暗号化されていない状態のデータのこと。

補足*3

Webサイトの安全性に関するWebブラウザの表示は変更されることがある。2020年1月現在、多くのWebブラウザが鍵の形のアイコンや「安全」という文字を表示することで通信内容が保護されていることを示している。

図表4.2.8　Webサイトへのアクセスの安全性を確かめる（Google Chromeの例）

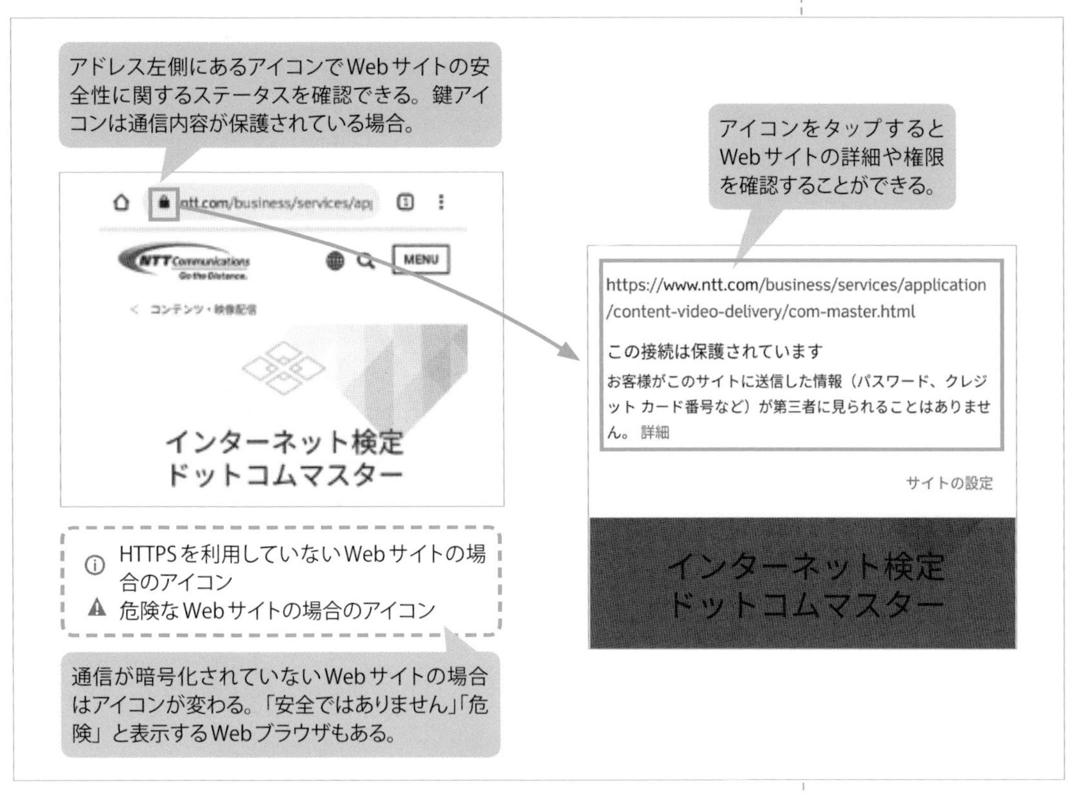

アドレスバーに鍵のアイコンが表示されていない、または「保護されていない通信」「安全ではありません」といったWebサイトでは、個人情報の入力はしないようにします。なお、Webブラウザに警告メッセージが表示されるWebサイトは危険なので利用しないようにしましょう［補足*4］。

■電子メールにおける暗号化

電子メールの送受信に使われるSMTP、POP3、IMAPといったプロトコルはセキュリティに関する機能を持たないので、送受信の際に添付ファイルを含めた電子メールの内容は暗号化されません。そのため、送信経路の途中で電子メールが取得されると内容が盗まれることになります。クレジットカード番号など流出すると被害にあう可能性が高い重要情報は、メールでの送信を控えましょう［補足*5］。

補足*4

従来、多くのWebサイトでは、個人情報を入力するWebページのみSSL/TLSに対応させていたが、公衆無線LANを利用する通信が増え、不正に通信内容を傍受される可能性が高まってきたことを受けて、Webサイト内のすべてのWebページをSSL/TLSに対応させる常時SSLを採用しつつある。

補足*5

電子メールの通信を暗号化する通信プロトコルもある。SMTPS、POPS、IMAPSは SMTP、POP3、IMAPに SSL/TLSを組み合わせてメールサーバとの間の送受信を暗号化する。メール自体を暗号化するS/MIME、PGPもある。ただし、送信側と受信側の双方がこれらのプロトコルを利用できる環境である必要がある。

2 電子署名と電子証明書

フィッシング詐欺では、正当な相手との通信であると思わせて重要な情報を盗み出そうとします。インターネットでは、別人になりすますことが容易なので、通信を行っている相手が誰なのか確認する手段が必要であり、そのために利用されるのが電子署名や電子証明書です。

電子署名は、現実世界における署名（サイン）や判子と同じような役割を果たすデータです。通信文を送る人が特殊な鍵（署名鍵という）を使って通信文を変換、通信文を受け取った人は対応する鍵（検証鍵という）で変換したデータを元に戻し、通信文と検証することで正当な相手であることを確かめます（図表4.2.9）。

図表4.2.9　電子署名の仕組み

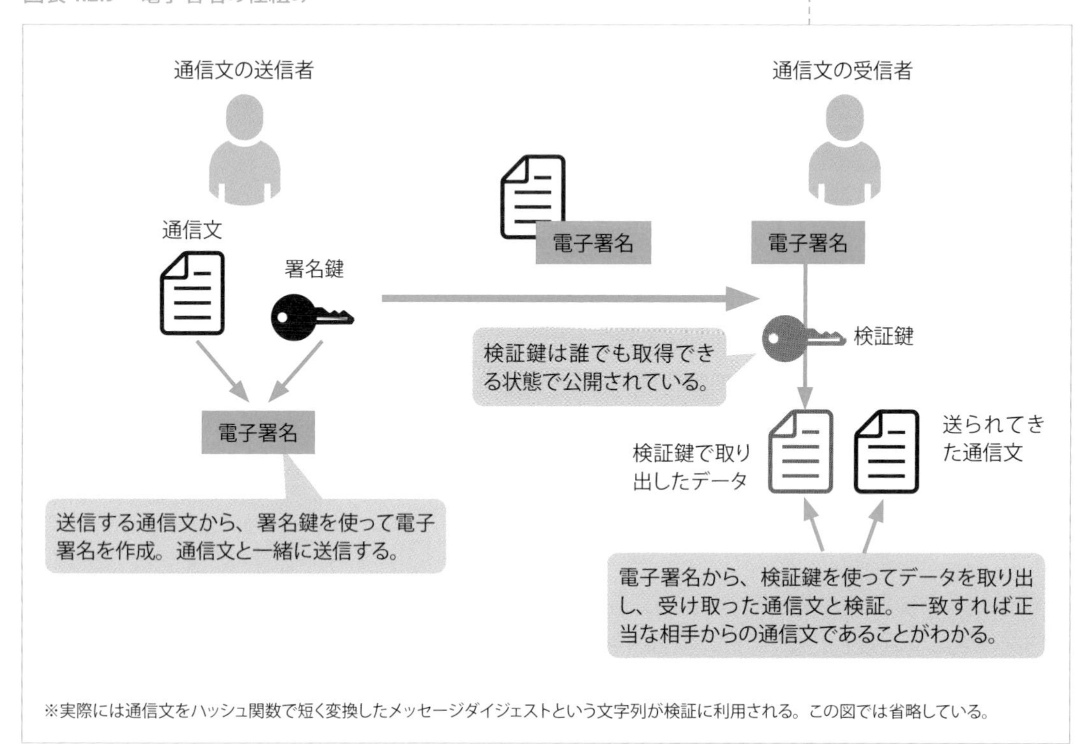

このとき、検証に利用する鍵が通信経路上で盗まれて改ざんされると、電子署名を偽造することができてしまいます。そこで、鍵の正しさを証明するために、信頼できる第三者機関の認証局に証明書を発行してもらいます。このようにして、電子署名が正当な所有者のものによって作成されたことを示すものを電子証明書といいます（図表4.2.10）。

図表4.2.10　電子証明書の仕組み

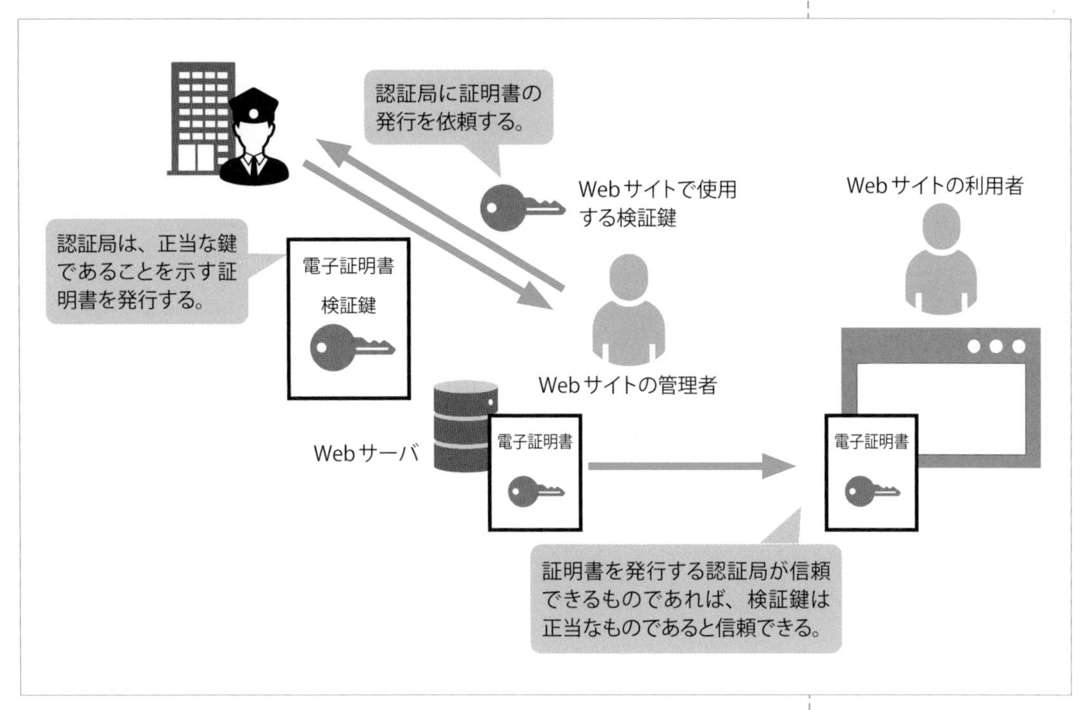

■EV証明書

前述のSSL/TLSは、データの暗号化に加えて、電子証明書による身元確認にも対応しています。Webブラウザは、電子証明書を確認することで信頼できるWebサイトかどうかを確かめています。

信頼できる第三者機関が認証局である場合は電子証明書を信頼することができますが、自前の認証局による証明書もあり、この場合は現存する企業や団体なのかを確認することができず、信頼性が低くなります。また、信頼できる認証局の審査には段階があり、Webサーバの運用者が正当な運用者かどうかまでは確認しないものもあります。

認証局により最も厳格な審査を経て身元が確認されたものに対して発行される証明書を、EV証明書（またはEV-SSL証明書）といいます。EV証明書を利用しているWebサーバにアクセスすると、Webブラウザによっては鍵のアイコンなどが緑色で表示されます。

3 無線LANのセキュリティ

無線LAN（Wi-Fi）は広く利用されていますが、電波が届く範囲にいれば通信内容を傍受することが可能なので、内容を盗み見られるという危険性が高くなります。そこで、無線LANでは、通信を行う親機と子機の間を暗号化するための方式が利用されています（図表4.2.11）。

図表4.2.11　無線LANにおける暗号化

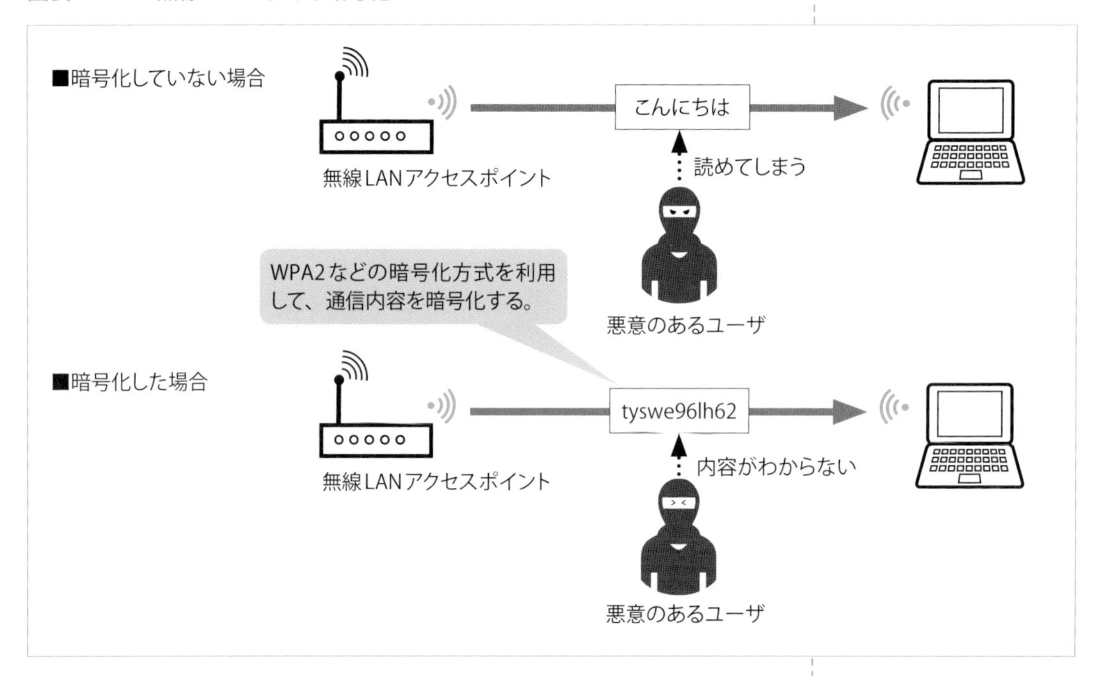

暗号化方式には、WEPやWPA、WPA2などさまざまな方式があり、このうちWEPのように容易に解読できてしまうことから利用が推奨されていないものもあります。一般の家庭用ルータの場合、現在、暗号化方式として安全とされるのはWPA-PSK（AES）、WPA2-PSK（AES）です［補足*6］。

暗号化方式を利用している無線LANへ接続する際は、暗号化キーの入力が必要となります。暗号化キーはパスワードのように無線LANへの接続を認証するためにも使われます。

強固な暗号化方式を利用していても、暗号化キーが漏れると、通信内容が盗まれることになります。パスワードと同じように、初期設定されていた暗号化キーをそのまま継続利用したり、短い暗号化キー、推測しやすい単語を暗号化キーにしたりすると、解読されやすくなります。また、公衆無線LANのように、同じ無線LANを複数の端末が利用すると、全員が暗号化キーを知っていることになるので完全に通信内容を秘匿することができません。

補足*6

比較的安全とされているWPA2にも盗聴や改ざんの可能性があることが判明したため、WPA2を強化したWPA3が登場している。

第5章

インターネットをとりまく法律とモラル

この章では、インターネットを健全に楽しむために守るべきルールや、インターネット上の「情報」の取り扱いについて学びます。また、知的財産権の知識をはじめとした、インターネット利用にかかわるさまざまな法律についても学びます。

5-1 ルール・マナーと情報の取り扱い

1 インターネット上で守るべきルールやマナー

インターネットは、SNSや掲示板などのコミュニティの形成、あるいはメールなどのコミュニケーションツールとして利用されます。それらを利用する上でのインターネットの常識とマナーを学習します。

1 インターネットの利用における心がまえ

インターネットでは、複数のユーザが相互に情報を発信し合い、これを共有することでコミュニティを形成しています。実社会と同じようにインターネット上のコミュニティにおいても常識やマナーがあります。情報を発信する際は、他人にどのように受け止められるか、誰の目に触れるかといったことに配慮する必要があります。

・情報発信の際の心がまえ

インターネット上の文字を中心としたサービスを利用する際には、表情やしぐさ、声のトーンなどをともなわないことから、自分が意図したとおりに相手に受け取ってもらえない可能性があります。相手を不快にさせたり傷つけたり、その気がなくても誹謗中傷や不適切発言と受け取られることもあります［補足*1］。

発信した内容がどのように取り扱われるかについても配慮が必要です。特定の人に向けて発信したつもりでも、不特定多数の人に伝わってしまうことがあります。また、一度インターネット上に発信された情報は完全には取り消せなくなることも覚えておく必要があります。

インターネットでは匿名の情報発信が可能です。だからといって何をしてもいいということにはなりません。虚偽の内容を書き込む［補足*2］、他人の著作物を無許可で掲載する［補足*3］、個人情報などプライバシーを侵害する内容［補足*4］を書き込むなどの不適切投稿は、訴訟の対象や、犯罪となることがあります。また、匿名でも発信内容から個人情報が特定されることもあります。

・他人の不快な発信内容に対して

他人の発信内容によって不快に思うことや、中には明らかな嫌がらせや誹謗中傷のこともあります。感情的に反論をしたことにより言い合いに発展し、場合によっては大勢から集中して非難されるという事態に陥

補足*1
他人への誹謗中傷は、名誉棄損罪や侮辱罪に問われる可能性もある。

補足*2
いたずら半分でも、脅迫、業務妨害などの犯罪行為に当たるとみなされる可能性がある。

補足*3
他人の著作物を無許可で掲載する行為は、著作権を侵害するおそれがある。著作権については、「5-2-1 個人情報と知的財産の保護」を参照。

補足*4
プライバシーはほかの人には知られたくない私生活上の情報で、これをみだりに公開されない権利は、プライバシー権として認められている。

ることもあります（このような状態を「炎上」[用語*5] という）。時間をおくなど冷静に対応するようにし、悪質な内容の場合は、専門の相談窓口に相談しましょう [補足*6]。

・ルールが定められている場合

多くの人が利用するようなサービスでは、利用のためのガイドラインやサイトポリシーなどの決まりごとをそれぞれに定めています。これらのポリシーをよく読んで、ルールに則って利用するようにします。

2 インターネットサービス利用上の注意点

■SNS利用上の注意点

・個人情報を不用意にさらさない

不特定多数への情報発信が可能なSNSで個人に関する情報を投稿する場合は、公開範囲に注意します。また、他人に関する情報を勝手に投稿することはプライバシーの侵害です。友人と一緒に写っている写真などを投稿する場合は、公開の可否をあらかじめ確認し、公開範囲にも留意します。

また、著名人だからと無断で写真を撮影し、投稿していいということはありません。このような行為は控えましょう [補足*7]。

・デマや誤った情報を拡散しない

Twitterのリツイート機能を利用すると、情報を素早く広い範囲に伝播できますが、その情報がデマや誤認情報であった場合でも、拡散されることがあります。リツイートを受け取ったユーザは情報を真実だと思い込み、さらにデマや誤認情報を広めることになります。情報の真偽が判断できない場合はリツイートを控えるのが賢明です。

・他人を傷つけるような言動に同調しない

SNSを使った、いわゆる「ネットいじめ」が問題となっています。ネットいじめが原因で命にかかわる事件に発展することもあります。SNSのグループなどで、まわりの雰囲気に流されて、特定の人物を傷つけるような書き込みに同調したり、仲間外れをしたりしないようにしましょう。

・リアクションを強要しない

投稿に対するコメントや「いいね！」のリアクションを強要するなど、行きすぎた利用は迷惑行為とみなされることもあります。LINEのよう

用語*5

炎上
SNSなどの不適切な投稿などに対して、不特定多数のユーザからの非難が殺到する事態や状況のことをいう。

補足*6

ネット上の嫌がらせや迷惑行為の相談窓口には、各都道府県警察本部のサイバー犯罪相談窓口（https://www.npa.go.jp/cyber/soudan.htm）などがある。

補足*7

一般の個人の場合は肖像権、著名人の場合は加えてパブリシティ権を侵害するおそれがある。肖像権、パブリシティ権については、「5-2-1 個人情報と知的財産の保護」を参照。

なメッセージアプリでは、既読マークが付いても相手の状況によってはすぐに返信できないことに配慮します。すぐ返信できない場合に返信を待っている相手への配慮として、「今は返信できない」「後ほど改めて連絡する」と伝えておくという方法もあります。

- **間違った相手にメッセージを送らないように確認する**

容易にメッセージを送ることができることから、うっかりミスで間違った相手にメッセージを送ってしまうことも起こり得ます。必ずメッセージを送る相手を確認してから送信するようにします。

- **メッセージを送る時間帯に注意する**

メッセージを送る相手によっては、深夜に送信すると迷惑になる場合があります。

- **知らない相手から「友だち追加」や「ダイレクトメッセージ」が届いたら**

知らない人から「友だち追加」のリクエストや「ダイレクトメッセー

コラム ● SNSへの不適切な投稿

SNS投稿は、いったん投稿するとその後は歯止めなく拡散する可能性があります。時間が経ってもインターネット上の情報は消えずに拡散を繰り返します。SNSの軽はずみな投稿により、企業の経営に損害を与え、同時に投稿者自身も何らかの形で罰を受けるといった事件も多く発生しています。

2013年、コンビニエンスストアにアルバイトとして雇われていた従業員が、店内のアイスクリームケースの中に入り込んだ様子を撮影した写真をSNSに投稿、これが拡散して「炎上」しました。これに基づき、店はコンビニエンスストアチェーンからフランチャイズ契約を打ち切られて閉店、該当従業員は解雇されました。

SNSへの不適切な投稿による炎上事件は、上記のような店内での悪ふざけ行為を撮影した写真の投稿のほかに、顧客を誹謗中傷する投稿、顧客のプライバシーを公開する投稿など多く発生しました。投稿された店は顧客への謝罪や返金、店舗・什器の清掃を行うなど対応に追われ、営業停止といった事態に発展することも少なくありません。

投稿者は、自らの行為によって建造物侵入、器物損壊、威力業務妨害などの疑いで書類送検される、店側から損害賠償を請求される、学生の場合は退学処分を受けるなど、想像外の事態に発展することがあります。また、上述の炎上事件では、投稿した画像を手がかりに個人情報が特定され、インターネット上に拡散しました。個人情報がさらされる（情報開示される）ことにより、その後の人生に悪影響を与え続けることにもなりかねません。軽はずみな投稿が、自分や他人の人生に大きな影響を与えるということを自覚しなくてはなりません。

ジ」が届くことがあります。共通の友人や連絡先情報をもとにSNSのアルゴリズムが自動的に送るものもありますが、spamや嫌がらせ、詐欺などの犯罪が目的で送ってくることもあるので、すぐに反応しないようにしましょう。相手を確認し、その上で必要なら対応するようにします。

■掲示板、Q&Aサイトの利用上の注意点

• 複数のサイトへの重複投稿は避ける

同じメッセージや質問を複数の掲示板やQ&Aサイトに投稿することはマナー違反とされています。同じような話題を扱う掲示板では、メンバが重複していることも多く、同じメッセージを何度も読むことになってしまうからです。投稿の際は、過去のメッセージを参照して、その話題が既出でないかを調べるとよいでしょう。[補足*8]。

• わかりやすい件名にする

質問を投稿する際は、「○○の△△について教えて下さい」といった具体的な件名を付けます。本文が長い場合は、件名に「長文注意」といった文言を付け加えるなどの工夫をします。

• 発言の内容

1つのメッセージでは、なるべく1つの話題に絞って書き込みます。別の話題は別のメッセージにすると、議論が整理されます。また、質問に答えてもらったときは、お礼のメッセージを忘れずに投稿します。

• 書き込みのタイミング

Q&Aサイトや掲示板では、それぞれに独特の空気があります。参加者の発言を読んだり、過去の話題を参考にしたりしながら、場の空気を壊さないように発言します。議論に途中参加する場合は、流れを妨げないように気をつけます。

• 広告の書き込み

宣伝になるような内容を書き込む場合は、あらかじめ広告の書き込みの可否をサイトの規約で確認します。また、何が広告であるか定義が異なることがあるので、その決まりに従います。

補足*8

一般的に、掲示板などでは過去のメッセージ（過去ログ）が保存されており、参照できるようになっている。

■電子メール利用上の注意点

• わかりやすい件名を付ける

件名は、メールの内容がひと目でわかるものにします。長すぎる件名にすると読みづらくなるので、全角20文字程度に収めるとよいでしょう。

• メール本文に送信者の情報を記載しておく

メール本文には、「誰が送信したか」を記載しておくことを心がけましょう。メールの先頭に「○○様、こんにちは、○○です。」などと記述するか、メール末尾に名前やメールアドレスなどを記載した署名を付けます。メールソフトの署名（シグネチャ）機能を利用し、自分の名前やメールアドレスなどの送信者情報をあらかじめ登録しておくと、自動的に挿入することができます。

• 宛先を正しく使い分ける

メールは同時に複数の相手に送ることができ、宛先として「宛先（TO）、CC、BCC」の3種類が指定できます。一斉連絡にTOやCCを利用すると、指定したメールアドレスを多数の人が知ってしまうことになります。メールの宛先は適切に使い分けましょう。

• 受信許可／拒否設定に注意

キャリアメールでは、初期設定によりパソコンからのメール［補足*9］の受信を拒否することがあります。こうした設定がされていると、パソコンからメールを送っても相手に届きません。

補足*9

NTTドコモ、KDDI、ソフトバンクなどの携帯電話会社が提供するメールサービス（携帯メールやキャリアメールと呼ばれる）以外のメールサービスを利用するメールを指す。

• 添付ファイルのサイズに気をつける

添付ファイルのサイズによっては、メールサーバの制限やメールボックスの容量により送受信できないことがあります。大きいサイズのファイルはクラウドストレージやファイル転送サービスを利用します。

• HTMLメール利用の際の注意

HTMLメールは、表現力は高いのですが、装飾が過多、マルウェアの混入が不安といった理由で敬遠されることがあります。ユーザによってはマルウェアの混入を忌避して、HTMLメールをテキスト形式として表示するよう設定していることもあります。この場合、メールの意図どおりに伝わらない可能性があります。

• **件名は変えずに返信する**

返信機能を利用すると、受け取ったメールの件名の先頭に「Re:」を付けた件名が自動入力されます。「Re:」が付いているほうが、相手も送ったメールへの返信であることが件名を見るだけでわかります。

• **引用方法に注意する**

引用の際はメールの相手が記載した内容を書き換えてはいけません。なお、メールソフトには引用文の行頭に「>」記号などを付ける機能があるので、これを利用して引用ということがわかるようにするのがベターです。

• **転送の際は著作権やプライバシーに配慮する**

メールの転送は、メールをやり取りした当人同士以外にメールの内容を見せるということになります。内容によっては本来の差出人に転送の許可を得る必要があります。プライバシーにかかわる内容、著作権を侵害する内容であることもあるので、転送は慎重に行う必要があります。また、転送する際は、誤解が発生したり、意味が変わったりしないように手を加えずに転送します。

2 インターネット上の情報の取り扱い

インターネットには、マスメディア、公共機関・企業、個人から発信される、無数の情報が流れています。その中から正しい情報、有用な情報を見分けるのに必要な知識を学習します。

1 メディアリテラシー

メディア（media）とは、伝達や通信のための手段、媒体、中間という意味で、情報を人から人に伝達するために用いられる機関、システムなどのことをいいます。メディアの例として、新聞、雑誌、テレビ、ラジオの4大マスメディアがあります。これらのマスメディアはさまざまな情報を収集し、どの情報をどのような形で発信するかという選別・編集を行っています。社会的な影響力が大きく、公共性が高いことから、これらのマスメディアには常に公平公正な報道を行うこと、信ぴょう性の高い情報の発信が求められています。

しかし、メディアで伝えられる情報は人の手により選別・編集されること、伝えられる情報量に限界があることなどから、誤った情報源から誤った情報が発信される、情報が歪められて誤って伝わる、事実だけではなくその情報の送り手の解釈や意見が付加される、といったことは避けられません。情報を受け取った人の受け止め方によっては誤解や争いが生じ、場合によっては日常生活を脅かされるといった事態に発展することになります。

こうした事態を招かないためにも、情報を受け取る一人ひとりは、情報源は信頼できるのか、情報が歪められていないのかを見極める力、受け取った情報を正しく理解して行動する力が求められます。このように、情報を正しく受け止めて、正しく活用する力をメディアリテラシーといいます。

2 インターネット上の情報の特性

■インターネット上の情報の信ぴょう性

インターネットでは誰でも簡単に情報の発信者になることができます。確かな情報もあれば、間違った認識によるもの、はじめから人をだますつもりで発信されたものなど内容はさまざまです。

・ニュース

インターネット上には、大手の新聞社や通信社、インターネット専門の報道機関が運営するニュースサイトが多数あります。大手のポータルサイトがニュースサイトから記事を配信、提供されて同じニュースを掲載することもあります。

著名なマスメディアであっても情報に誤りがあることもあり、各メディアによって情報の伝え方が異なることにより錯誤が生まれることもあります。ニュースとして発信されているから正しいと鵜呑みにせず、信頼できる情報かどうかをさまざまな方向から調べて判断しなくてはなりません。

・フェイクニュース

虚偽の内容を流布させたもの、あるいは流布させることを指して「フェイクニュース」という言葉が使われるようになりました。フェイクニュースには誤った認識から発生する誤報と、意図的に本物らしく装った悪意を持ったニュースがあり、後者は名誉棄損やプライバシー侵害といった法的な問題を含みます。

フェイクニュースの発生、流通経路はマスメディア、あるいはSNSなど個人的なメディアです。とくにSNSの場合は「○○さんが発信しているから本当だろう」といったように、事実の検証が行われずに「虚偽→本当らしい→真実」となって信じ込まれ、広まることが危惧されます。

フェイクニュースの中には、明らかに「ウソ」「シャレ」といった内容で、そうであることを表明したものもありますが、その表明が見逃されて、あたかも本当のことのように流通してしまうものもあります。通常のニュースと同様に、信頼できる情報と虚偽情報を見極めなければなりません。

・ウィキペディア

インターネット上の百科事典として有名なウィキペディア(Wikipedia)は、一般的な内容から専門的な分野までをカバーし、多くの人にとって欠かせない情報源となっています［補足*1］。

ウィキペディアは一般のユーザが共同で編集しているCGM［用語*2］の一種であり、市販の辞書や事典のように、出版社などの責任のもとで作られているわけではありません。ボランティアによる記事内容の確認も行われていますが、すべての記事に目が行き届いているということもありません。中には明らかな誤りや、出典の明確でない通説、偏った意見などが含まれることもあります。ウィキペディアの記事を利用する場合は、出典元のWebサイトや書籍などの確認が必要です。

補足*1

ウィキペディア日本語版は、約120万件の記事を掲載している（2020年1月現在）。

用語*2

CGM

Consumer Generated Mediaの略で、日本語では「消費者生成メディア」などと訳される。消費者であるユーザが内容を作成していく媒体のことであり、ウィキペディアのほかにSNS、ブログ、掲示板、口コミサイト、Q&Aサイトもこれに該当する。

• 口コミ

SNS、ブログ、掲示板、口コミサイト、Q&Aサイトなど単なる「インターネット上の場」が「メディア」へと進化しています。一般ユーザによる「口コミ情報」は、地域限定情報であったり、少数の人に喜ばれるようなマニアックな情報であったり、マスコミが取り上げない情報を知ることができる貴重なメディアとして重宝されています。製品の価格を比較するサイト、料理のレシピを掲載するサイト、化粧品を使ったレビューをまとめたサイトなど、口コミを主たるコンテンツとしたサイトも、多くのユーザに利用されています。

しかし、口コミ情報のすべてが信頼できる情報とは限りません。口コミで高く評価されている店が、実際には口コミと異なるサービスを提供していたことや、口コミ投稿の代行を依頼するといったことも行われています。口コミ情報はあくまでも参考程度であることを認識し、自分自身で情報を見極めるようにしましょう。

5-2 インターネットに関連する法律

1 個人情報と知的財産の保護

インターネットにおいては、しばしば個人情報の流出、著作権の侵害が問題となります。ここでは、個人情報保護法などプライバシー保護に関する法律、著作権など知的財産権に関する法律について学習します。

1 個人情報の保護

■個人情報保護法

コンピュータとインターネットの普及により、国、地方自治体、企業などにおいて個人情報が大量に蓄えられています。デジタル化された個人情報はコピーが容易なので、十分な対策を施さなければ漏えいや転用のおそれがあります。

このような背景のもとに、個人情報保護法（個人情報の保護に関する法律）が定められています。これは個人情報保護に関する基本法であり、個人情報保護法制の基本理念や国・地方公共団体の責務などを規定しているほか、一般のインターネット利用者にとっても関連が深い民間の個人情報取扱事業者の義務についても規定しています。

• 個人情報

個人情報とは、生存する個人に関する情報であり、氏名、生年月日、連絡先（住所・電話番号・メールアドレスなど）、個人識別符号（顔認証データ、パスポート番号など）、要配慮個人情報（人種、信仰、健康状態など）などのほか、他の情報と組み合わせることで本人を識別できる情報も含まれます。また、情報の形式には、文字情報のほか、指紋や画像なども含まれます。

• 個人情報取扱事業者とその義務

これらの個人情報を取り扱う事業者（個人情報取扱事業者という）には、顧客情報・取引先情報・従業員情報などのデータベースを保有する一般企業や、学生や職員の情報のデータベースを保有する学校なども含まれます［補足*1］。個人情報保護法は、個人情報の取得に関すること、管理に関すること、第三者への提供に関することなどを規定し、これにより個人情報の取り扱いに関して民間業者が守るべき最低限のルールが明確になっています。

補足*1

同法上の個人情報には、コンピュータ上のデータベースばかりではなく紙媒体によって保管される情報も含まれる。

- **個人情報保護委員会**

個人情報保護委員会は、個人情報が正しく取り扱われているかを監督するために設置された独立機関です。個人情報の保護に関する基本方針の策定・推進、個人情報の取り扱いに関する監督や指導、苦情や相談の受付などを行います。

- **情報社会における個人情報**

ビッグデータの活用によりAIやIoTが実装された社会では、個人データを含むあらゆる情報が蓄積され、取引の対象となります。一方、個人情報の管理・処理の誤りによる企業などの不祥事は後を絶ちません。個人情報保護委員会は、個人情報保護法に関する各種ガイドラインを公表していますので（https://www.ppc.go.jp/personalinfo/legal/）、個人情報の取得や管理などを行う際は、その適法性について十分に検討する必要があります。

2 知的財産権

インターネットは、誰もが情報の発信者になれるところが魅力です。しかし、情報を発信するという行為は、さまざまな責任がともなうことを忘れてはいけません。とくに、他人の権利を侵害しないようにすることは重要です。とりわけ注意が必要なのが知的財産権の侵害です。

知的財産権について、権利者を保護するためにさまざまな法律が制定されています。知的財産権には、著作権、特許権、実用新案権、意匠権、商標権などがあります［補足*2］。

■著作権

著作権法は、著作権者の権利を保護する法律です。著作権法における著作物とは、絵画や音楽、文章など「思想又は感情を創作的に表現したもの」であり、「文芸、学術、美術又は音楽の範囲に属するもの」で、小説、論文、新聞、写真、美術、音楽、映画、コンピュータプログラムなどがこれに該当します［補足*3］。

「著作物を創作する者」を著作者といいます。著作権は、著作者のみに専属する著作者人格権［用語*4］と、著作（権）者の経済的利益を保護する著作権（財産権）に分けることができます［補足*5］。

著作権は、著作物を創作した時点で自動的に発生し、保護期間は原則として著作者の生存中、および死後70年間です［補足*6］。

著作権法に規定されている著作物の利用行為には、著作物を複製する

補足*2

知的財産権のうち、特許権、実用新案権、意匠権、商標権の4つを産業財産権という。産業財産権は、産業や経済に関する権利の総称。

補足*3

著作物のカテゴリには、言語（小説、論文、詩歌など）、音楽（楽曲および歌詞）、舞踏、美術（絵画、彫刻、漫画、美術工芸品など）、建築（芸術的な建造物）、図形（地図、学術的な図表など）、映画、写真、プログラムがある。

用語*4

著作者人格権
著作物を公表する権利（公表権）、作者名を表示する権利（氏名表示権）、著作物を意に反して改変されない権利（同一性保持権）のことをいう。

補足*5

著作者人格権は、第三者への譲渡や売買はできない。著作権（財産権）は、他人への譲渡または売買が可能。

補足*6

映画を除く著作物の保護期間は、原則として著作者の死後50年間と規定されていたが、2018年のTPP（環太平洋パートナーシップに関する包括的及び先進的な協定）発効に伴い、死後70年間と改正された。

権利、著作物を公に上演、演奏、上映する権利、著作物を公衆送信（たとえば、インターネットによる送信）する権利、著作物を譲渡する権利、著作物を翻案、翻訳する権利などがあります。

他人の著作物を勝手に利用する行為は、著作権の侵害になります。しかし、定められた条件の範囲であれば利用することもできます。定められた条件とは、次のようなことです。

• 私的使用のための複製

音楽や書籍などを、自分自身あるいは家族内その他これに準ずる限られた範囲内でコピーすることは、原則として私的使用として認められています。ただし、デジタル方式の録音録画機器を用いてコピーを行う場合は、補償金の支払いが必要です。

たとえば、記録可能なDVDメディアには録画用とデータ用があり、録画用のDVDメディアには、私的録音録画補償金制度による補償金が上乗せされています。そのため、値段はデータ用と比べると若干高めです［補足*7］。

ビデオや音楽で、コピープロテクション［用語*8］が施されているようなものは、それを回避して録音、録画することは、私的使用が目的でも違法となります［補足*9］。

• 引用

自分が作成するコンテンツに、公表された他人の著作物を引用することは認められています。ただし、引用が公正な慣行に合致することと、目的上正当な範囲内であることが必要であり、自分の著作物と引用部分に主従関係があること、引用部分を明確に区別すること、出所を明示することなどが条件となります。

• 教育の情報化への対応

従来、教師が他人の著作物を用いて教材を作成し、これを電子メールなどで送信したり、eラーニングの形態などで配信したりする場合は、利用の都度、個々の権利者の許諾とライセンス料の支払が必要でした。ICTの活用により教育の質の向上などを図るため、2018年の著作権法改正により、学校の授業や予習・復習用に著作物をネットワーク経由で生徒の端末に送信するような場合にも、権利者の許諾は不要としつつ、指定管理団体に対して一元的に補償金を支払うことになりました［補足*10］。

著作権については、文化庁が管轄し、Webサイトで詳しく紹介しているので確認するとよいでしょう［補足*11］。

補足*7

デジタルミュージックプレーヤ、スマートフォン、パソコンなどは、現時点では私的録音録画補償金制度の対象外だが、法律的な議論が進められている。

用語*8

コピープロテクション
ソフトウェアなど、映画用DVD、音楽CD、パソコンソフト、ゲームソフトなどを無断複製（コピー）されないように防止する技術的な手段や方式のこと。

補足*9

デジタル放送の録画番組については、著作権保護方式「ダビング10（ダビングテン）」を採用している場合、1番組について外部メディアに9回までのコピーと、1回のムーブ（コピー元のハードディスクから消える）が許可されている。

補足*10

もっとも、この新制度は、公布日である2018年5月25日から3年を超えない範囲内で政令により施行日が定められることとなっているが、2020年2月時点では施行日は決まっていない。

補足*11

文化庁のWebサイトには、著作権制度に関する情報が掲載されている（http://www.bunka.go.jp/seisaku/chosakuken/seidokaisetsu/）。

■特許権、実用新案権、意匠権、商標権

著作権のほか、以下のような知的財産権が規定されています。

• **特許権**

発明を保護するための権利です。出願し、設定登録することで特許権が発生し、保護期間は出願の日から20年間です。

• **実用新案権**

発明に準ずる考案を保護する権利です。出願し、設定登録することで実用新案権が発生し、保護期間は出願の日から10年間です。

• **意匠権**

意匠（デザイン）を保護するための権利です。出願し、設定登録することで意匠権が発生し、保護期間は登録の日から20年間です。

• **商標権**

商標（文字、図柄など）を保護する権利です。出願し、設定登録することで商標権が発生し、保護期間は登録の日から10年間で、何度でも更新が可能です。

3 インターネットでの著作権等の取扱い

日本の法律では、文章や絵画、音楽のような著作物は、制作された時点で自動的に著作権が発生します。他人の著作物を、自分のWebページ、ブログ、SNSなどに掲載する場合は、著作権を適切に取り扱う必要があります。

• **文章の場合**

書籍として出版されたものだけでなくメールやWebページに掲載されたようなものであっても、著作権者以外の者が無断で自分のWebページに掲載するようなことは原則として著作権の侵害になります。

• **写真の場合**

他人が撮った写真をWebページに掲載する場合、その写真を撮影した人の著作権だけでなく、被写体として写っている人や物に関する権利利益について考える必要があります。

たとえば、自己のWebサイトに他人の写真を掲載するような場合、撮影者（写真の著作権者）の許可が取れても、その写真に写っている人の肖像権［用語*12］を侵害することはできません。写っている物が美術品やキャラクタのイラスト（著作物）のような場合は、その著作権者の利益を侵害するおそれがあります。一方、著作物が背景に写り込んでしまっても、それが撮影の対象とする事物から分離することが困難であり、かつ写真全体の軽微な構成部分と認められるものは、著作権者の利益を不当に害さない限り著作権の侵害には当たりません。

用語*12

肖像権
肖像権は、自分の顔や姿を無断で撮影されたり無断で公開されたりすることを拒否できる権利のことをいう。

• 絵画やイラストの場合

絵画やイラストには著作権がありますので、上述の文章や写真の場合と同様に、著作権者の許可がない限りWebサイトなどでの掲載はできません。

また、有名人の似顔絵を自分で描いて、それを自己の営業の広告などに利用するような場合は、当該有名人のパブリシティの権利の侵害になるおそれがあります［補足*13］。

補足*13

芸能人など著名人の氏名や肖像には経済的な価値があることから、著名人にはこれらの価値を排他的に利用する権利が認められている。この権利をパブリシティ権という。

• 音楽の場合

音楽は、絵画などより権利が複雑です。楽曲そのものの著作権のほかにも、著作隣接権といわれる、演奏の実演や原盤の権利（レコードやCDの権利）がありますので注意が必要です。つまり、死後70年以上経っている作曲家の曲を演奏している音源でも、実演家やレコード製作者の著作隣接権が存在する場合は、それらの著作隣接権者の許可なく何らかの形式や媒体で配布などをすることはできないということです。

また、歌詞についても著作権がありますので、楽曲の歌詞をWebページに掲載するような場合には著作権者の許可が必要です。それが自作の替え歌のようなものの場合には、著作物の翻案になる可能性があるため、掲載には著作権者の許諾が必要であることに加え、著作物の改変となるため、同一性保持権の侵害にならないよう、著作者の承諾を得る必要があります。

• 映画やテレビ番組

映画やテレビ番組のような映像は、さらに権利が複雑です。映画や番組そのものの著作権、出演者の肖像権、使われている音楽の著作権などがあり、すべての許可を取るのは難しいでしょう。

動画共有サイトには、過去のテレビ番組や映画などが公開されていることもありますが、テレビ放送などの映像を許可なく投稿することは著作権法に違反します（いわゆる「違法アップロード」といわれる行為）。著作権法に違反する動画は、著作権者の申請により削除されるケースがあります。また、違反していると知りながら動画などをダウンロードする行為も違法です（いわゆる「違法ダウンロード」といわれる行為［補足*14］）。

4 ソフトウェアの著作権

■ライセンスと著作権

コンピュータプログラムやデータベースも著作物として著作権法の保護の対象となっています。

通常、ソフトウェアを「購入する」という行為は、一般的な商品の購入と異なり、ソフトウェアを販売している会社（著作権者）とライセンス（使用許諾契約）を交わした上で使用する権利を得るということになります。そのため、ソフトウェアを使用する際は、そのライセンス契約の内容をよく読み、契約内容に沿った形で使用する必要があります。

ライセンス契約の内容は、ソフトウェア会社やソフトウェアによって異なります。パッケージソフトを1つ購入した場合、通常はそれをインストールできるパソコンの台数は制限されます［補足*15］。企業やグループで同じソフトウェアを何人かで使いたいような場合は、ボリュームライセンス［用語*16］といった契約形態をソフトウェア会社が用意している中から、最適なものを選択することができます。

なお、ソフトウェアをコピーして再配布するといったライセンス契約の内容を逸脱する行為は、著作権を侵害する行為に当たります。

■アクティベーション

正規の利用者だけが機器やソフトウェアを利用できるようにするコピー防止技術をアクティベーションといいます。アクティベーションを導入しているソフトウェアをインストールする場合には、シリアルIDと一緒に、パソコンの識別情報をソフトウェア会社に登録します。これにより、ライセンスの範囲を超えるパソコンや第三者のパソコンで使えないようにしています。現在では多くのアプリケーションソフトやハードウェアでこの機能が採用されています。

■ダウンロードするソフトウェアのライセンス

ソフトウェアは、店頭などでパッケージの形で、またはダウンロードの形で販売されます。内容にほとんど違いはなく、ダウンロード版はインターネットを通じてダウンロードするだけなのでパッケージや流通のコストがかからず、パッケージ版よりも比較的安く入手できるものが多いのが特徴です。

ダウンロードで入手できるソフトウェアは、ライセンスによって以下

補足*14

違法ダウンロードを適用する範囲については、著作権法改正をめぐって議論が進められている。

補足*15

パソコンなどの購入時にソフトウェアがインストールされていることをプリインストールという（またはある製品に別の製品が同梱されている状態を指してバンドルともいう）。プリインストールされたソフトウェアのライセンスは、パッケージで購入したときのライセンスとは内容が異なっている場合があるので注意が必要。

用語*16

ボリュームライセンス
ソフトウェアの配布用メディアは1つで、インストールできるパソコンの数は5台、のような契約を指す。

のような種類に分けられます。

• シェアウェア

一定期間、無料で利用することができ（試用期間）、その後、継続して利用したい場合は対価を支払うというソフトウェアです。個人や小さなソフトウェア会社が、自作のソフトウェアを販売するときに利用されることが多い形態です。

• フリーソフト

フリーウェアとも呼ばれます。シェアウェアと違い無料で利用できるソフトウェアで、個人が自分のために作ったソフトウェアを善意で公開しているようなものが多く、ライセンス条件や品質はさまざまです。

• オープンソース

ソフトウェアの設計図にあたるソースコードがインターネットなどを通して広く公開されており、誰でもそのソースコードを改良したり修正したりして、再配布できるソフトウェアのことです。一般的には無料で利用できます。

オープンソースの代表的なものに、OSのAndroidやLinuxなどがあります。

5 プロバイダ責任制限法

インターネット上でプライバシーの侵害や著作権侵害などがあった場合のプロバイダの責任については、プロバイダ責任制限法（特定電気通信役務提供者の損害賠償責任の制限及び発信者情報の開示に関する法律）で規定されています。ここでいうプロバイダとはインターネット接続サービスを提供する事業者だけを指すものではなく、電子掲示板を提供しているWebサイトの運営者なども含みます。

この法律では、違法な情報を放置すればプロバイダが責任を負う場合があり得ることや、被害者（自分の権利が侵害されたとする人）からの情報の削除依頼などに応じてプロバイダが削除を行った場合などにおけるプロバイダの情報発信者に対する責任について規定しています。また、被害者は、権利の侵害が明らかであり、かつ、正当な理由がある場合には、情報発信者の住所、氏名、IPアドレスなどの情報開示をプロバイダに求めることができます。

2 電子商取引

インターネット上の商取引を電子商取引といいます。ここでは、特定商取引法、電子消費者契約法などの電子商取引（オンラインショッピング）に関連する法律とショッピングサイトの利用における注意点を学習します。

1 特定商取引法

特定商取引法（特定商取引に関する法律）は、訪問販売や通信販売などを行う事業者を規制するもので、消費者の利益を保護し、あわせてサービスを適正かつ円滑に行わせることを目的としています。オンラインショップは、通信販売の一形態として、特定商取引法による規制の対象とされています。

この法律では、Webサイトでおもに以下の情報を公開することをオンラインショップに義務付けています。

- 価格（サービスの対価）と送料
- 代金の支払時期と方法
- 商品の引き渡し時期
- 売買契約の申込みの撤回または解除に関する事項（特約がある場合にはその内容も含む）
- 事業者の氏名または名称、住所、電話番号、代表者または責任者の氏名
- 売買契約の申込みの有効期限があるときはその期限
- 隠れた瑕疵（かし）（欠陥）のある場合の事業者の責任
- 特別な販売条件やサービスの提供条件（数量の制限など）

これらの情報を明らかにしていないオンラインショップは法を遵守していない事業者ということになるので、これらの情報の有無が、購入する側にとってはインターネット上における店選びのチェックポイントになると考えることもできます。また、特定商取引法では、利用者が誤って商品を注文してしまうことがないよう、わかりやすい画面表示を行うことをオンラインショップに義務付けています。

2 電子消費者契約法

電子消費者契約法(電子消費者契約に関する民法の特例に関する法律)は、オンラインショッピングの消費者を保護する目的で民法の特例を定めた法律です。なお、電子消費者契約法は対象を、事業者と消費者の間の取引としています。ネットオークションのような消費者同士の取引は原則として対象になりません。

■消費者の操作ミスによる注文

オンラインショッピングの場合には、消費者の操作ミス（たとえば、商品の購入個数として「1」を入力するつもりだったのに、キーを2度押してしまい「11」と入力してしまう）が、起こりやすいといえます。そこで、電子消費者契約法では、消費者に操作ミスという過失があったとしても、原則として契約を取り消しできるとしています。

ただし、事業者が注文操作の過程で注文内容を確認する画面を消費者に提示するなどして意思確認をし、操作ミスを防止する対策を講じている場合や、消費者自らが、確認措置が不要である意思を表明した場合には、操作ミスによる注文であっても取り消しにはできません。

3 その他の法律

2017年、売買における契約ルールなどを定めた民法が約120年ぶりに改正されました（2020年4月施行）。

• 購入した商品の不具合や契約内容に適合しない場合

オンラインショッピングなどで購入した商品に不具合があったり、契約内容に適合しない場合について、買主の責めに帰すべき事由がない場合は、売主に対して、修理、交換、不足分の引渡し、また場合によっては契約の解除、損害賠償の請求を行うことができると民法は定めています。なお、契約内容に適合しない場合とは、商品に不具合がある場合だけでなく、商品の種類、品質、数量が契約の内容に適合しないことを意味します。

• 定型約款

消費者が約款をよく読まずに契約し、後にトラブルとなることがしばしばあります。民法では、事業者があらかじめ約款に基づく契約であることを示すなど一定の要件を満たしてしていれば、消費者が約款を理解していなくても合意したとみなすとされています。ただし、消費者の利益を一方的に害すると認められる条項については、合意がなかったものとみなされます。

• 契約の成立時期

2017年に改正（2020年4月に施行予定）された民法により、遠隔地間の契約については、契約の承諾の通知が申込みをした相手方に到達した時点で契約が成立することになりました（到達主義に一元化）[補足*1]。

なお、オンラインショッピングのような電子契約における到達主義では、消費者の注文を受け付けたオンラインショップが承諾の電子メールを発信し、その電子メールが、消費者が利用している受信メールサーバに到着した時点で契約が成立することになります。承諾通知を電子メールの送信によらずWeb画面上に表示する場合については、申込者のモニタ画面上に承諾通知が表示された時点で契約が成立します。

補足*1

改正される以前の民法では、承諾の通知が発信された時点で契約が成立するとされていた。承諾の通知がほぼ瞬時に相手に到達するオンラインショッピングのような電子契約の場合は、電子消費者契約法4条により、承諾の通知が到達した時点で契約が成立していたが、民法の改正により到達主義に一元化され、同法同条は削除された。

4 ショッピングサイト利用上の注意点

ネットワークを通して行われる商品やサービスの商取引を、電子商取引といいます。オンラインショッピングやネットオークションも電子商取引の一種です。

■オンラインショッピング利用上の注意点

オンラインショッピングは、インターネットを通じて買い物ができるサービスです。現在では一般化しており手軽に利用できます。しかし、実店舗で買い物するのとは異なり、商品の状態を実際に確認することが難しく、場合によっては届いた商品が思っていたものと異なることもあります。また、販売者が詐欺的行為など消費者に一方的に不利な取引を行うような事例も多くあります。このようなトラブルを避けるためにも、オンラインショッピングの際は、次のような事がらに注意を払いましょう［補足*2］。

・事業者の氏名・名称などの記載があるか

ショッピングサイトでは、特定商取引法により、そのWebサイトを誰が運営しているかなどの情報を必ず記載することが定められています。運営者の名前や住所、電話番号が記載されていないWebサイトでの購入は避けましょう。

・返品などの対応が明記されているか

特定商取引法により、ショッピングサイトは返品などへの対応を明記することが義務付けられています。返品の可否や返品の条件などについて表示がない場合は、信頼性が低いと判断し、利用は控えたほうが無難です。

・個人情報の扱いは適切かどうか

買い物や会員登録の際に入力する、個人情報の扱いも重要です。Webサイトにプライバシーポリシー［用語*3］の表示があり、そこに個人情報の扱いに関する項目（個人情報の利用目的や第三者提供の方針など）があるかどうか確認しておきましょう。

・取引相手を確認する

ショッピングサイトには大手から個人業者まで、さまざまな出店が行われています。大手のショッピングサイトでは、配送やサポートなどのシステムが比較的しっかりしているため、ある程度は安心して利用ができます。しかし、ショッピングサイトあるいはオンラインショッピング

補足*2

オンラインショッピングやネットオークション利用時にトラブルにあった場合は、最寄りの消費者センターへ連絡して解決を図る。また、警察庁（http://www.npa.go.jp/cybersafety/）や国民生活センター（http://www.kokusen.go.jp/t_box/t_box-faq.html）などのWebサイトに掲載されている事例・対処方法が参考になる。

用語*3

プライバシーポリシー
収集した個人情報をどのような方針に基づいて取り扱うのか、事業者が定めた規範のこと。プライバシーポリシーはWebサイト上にて公表されることが多い。

モール［用語*4］に出店している業者の中には悪質な業者も少なからず存在します。利用する際は、業者のWebサイトをチェックして、特定商取引法の表示があることを確認することが大切です。また、サイト上のユーザレビューも判断材料になります［補足*5］。

・SSL/TLSが使われているかどうか

オンラインショッピングでは、住所や電話番号などの個人情報を、インターネットを通じて送る必要があります。この際、そのままの状態で個人情報を送ってしまうと、ネットワーク上のどこかで盗み見られる可能性があります。とくに懸念されるのは、クレジットカード情報を盗み取られて、不正利用される危険性です。

個人情報などを入力する際には、通信を暗号化するSSL/TLSに対応しているかを確認します［補足*6］。非対応の場合は、このショッピングサイトでの購入を控えるようにしましょう。

・支払方法の選択

ショッピングサイトでのおもな決済方法は次のとおりです。

- クレジットカード決済
- 電子マネー決済
- オンラインバンキング決済
- コンビニエンスストアでの支払
- 銀行窓口やATMでの支払
- 配送時の代金引換
- 回収代行サービスによる決済（通信料金・プロバイダ料金に加算請求）
- 仮想通貨による決済

それぞれの決済方法で、必要となる手数料や支払方法が異なりますので、ショッピングサイトの利用案内や支払方法について確認します。オンラインショッピングの利用に不安がある場合は、代金引換を利用すると商品が届かないといったトラブルを回避できます［補足*7］。

・クレジットカード利用明細書を確認する

ショッピングサイトでクレジットカードを利用した場合は、必ず利用明細書を確認します。もし、支払料金に不審な点があった場合や、購入した覚えがない明細があった場合には、すぐにクレジットカード会社に連絡をとります。被害が認定されれば支払を免除される場合もあります。

用語*4

オンラインショッピングモール
複数のオンラインショップが1つに集まってモール（商店街）を形成するサイト。モールの運営者は場所と決済機能を提供する。

補足*5

ユーザのレビューが投稿されている場合は、その内容で問題があるかどうか確認することもできるが、いわゆる「やらせレビュー」（ショップ側の依頼によるレビュー）が存在する可能性もある。必ずしもすべてのレビューが信用できるわけではないので、消費者としても情報リテラシーを養う必要がある。

補足*6

SSL/TLSで暗号化された通信では、URLが「http:// ～」ではなく「https:// ～」となる。また、アドレスバーに鍵のアイコンが表示される。SSL/TLSについては、「4-2-4 通信経路の暗号化」を参照。

補足*7

配達時に配送業者が代金を回収する代金引換（代引）サービスを悪用し、商品を勝手に送り付ける「送り付け商法」という詐欺商法がある。購入の覚えがないものについては、商品の受け取りを拒否することがよい対処法である。

■ネットオークション利用上の注意点

ネットオークションとは、インターネットを利用してオークションの場を提供するサービスです。物品を出品し、購入希望者が価格を競り合い、最も高い金額を提示した人が購入（落札）する仕組みです。ネットオークションの出品者は、個人であったり、事業者であったりします。

個人対個人の取引の場合はとくに、トラブルが起きないよう以下のことに気をつけます。また、オークションサイトによっては、18歳未満は参加できないなどの年齢制限があります。

・出品者の評価を確認する

オークションサイトでは、過去の取引について、落札者が出品者の評価を行い、その情報を公開しています。あくまでも過去のデータであり、落札者が必ずしも適切な評価をするとは限りませんが、一応の参考にはなります。

・偽物や違法な商品が含まれていないか気をつける

ブランドコピー品や盗品を落札して購入すると、落札者が犯罪に荷担したとみなされる可能性があります。ブランド品などには、少なからず偽物が混ざっているということも知っておきましょう。

・出品者に連絡をとってみる

商品について疑問がある場合、オークションサイトから出品者に質問ができます。そのときの対応は、相手の評価の参考になります。このとき、オークションサイトを経由せずに直接取引を持ちかけてくるような出品者は信頼できません。

ネットオークションなどの個人対個人の売買では、店から購入するのと異なり、基本的には自己責任です。トラブルにあわないように十分に気をつける必要があります。

コラム ● 消費税の課税

電子書籍や音楽ダウンロードなど、海外のサイトでオンラインショッピングをした場合、消費税はサービスを受ける側の住所（届け先が日本国内など）で課税されます。従来、サービスの提供者の所在地において消費税（国によって呼び名は異なる）が課税されるかどうかが決まりましたが、不公平感があることから2015年に消費税法が改正されて上記のようになっています。たとえば、Amazonで購入して送付先が日本国内であれば消費税課税となります。

5-2 インターネットに関連する法律

3 その他の関連法規

インターネットに関連するさまざまな法律が多数施行されています。ここでは、情報セキュリティに関する法律、マイナンバー法、公職選挙法に定められたインターネット利用について学びます。

1 情報セキュリティ関連法

インターネットを通じた不正行為を規制する法律が定められています。ここでは、情報セキュリティに関連する法律を学習します。

■情報セキュリティと刑法

インターネットやコンピュータの利用機会が増えるにつれて、コンピュータ上のデータやプログラムといった物理的な形のないものに対する不正行為が増えたため、法整備が進められました。

たとえば、1987年の刑法改正では、「電磁的記録」の定義規定がおかれ［補足*1］、人の事務処理を誤らせる目的で一定の電磁的記録を不正に作ったり、電磁的記録を損壊するなどして人の業務を妨害したりする行為が、新たに犯罪として処罰されることとなっています。

また、2011年の刑法改正では、マルウェアの作成や提供の行為も、犯罪として処罰されることとなりました。

補足*1

刑法では、「電磁的記録」について、「電子的方式、磁気的方式その他人の知覚によっては認識することができない方式で作られる記録であって、電子計算機による情報処理の用に供されるもの」と定義している。

■不正アクセス禁止法

不正アクセス禁止法（不正アクセス行為の禁止等に関する法律）とは、アクセスする権限を持たないユーザが、インターネットなどを介してネットワークシステムにアクセスする行為や、それを助長する行為を禁止する法律です。具体的には、他人のIDやパスワードなどを無断で使用して、インターネットサービスを利用する行為が処罰の対象となります。なお、他人のIDやパスワードを盗んだ場合だけではなく、自分で推測した場合であっても、不正アクセスに当たります。また、セキュリティホール攻撃などの手段を用いることにより行う不正アクセスも該当します。

これらの不正アクセス行為を行った場合、3年以下の懲役または100万円以下の罰金が科されます。

2 マイナンバー法

社会保障や税の手続きで個人を識別するために使われる番号がマイナンバー（個人番号）です。マイナンバーは、住民登録している人（住民票を持つ人）の一人ひとりに固有の番号が割り振られます。

■マイナンバー制度

マイナンバー法（行政手続における特定の個人を識別するための番号の利用等に関する法律）によってマイナンバー（個人番号）制度が施行されています。マイナンバー制度の目的は公平・公正な社会の実現、行政の効率化、国民の利便性の向上です。

マイナンバーは国民（および住民票のある外国籍の人）に通知される12桁の番号で、社会保障、税、災害対策の分野で利用されます。特別な場合を除いて一生変更されることはありません[補足*2]。必要な申請・手続きを行うと、各種手続きにおけるマイナンバーの確認および本人確認の手段として用いられるマイナンバーカード[用語*3]が交付されます。

マイナンバー法では、業務上知り得たマイナンバーを不正に提供・盗用することが禁じられています。また、個人情報保護法の改正により設置された個人情報保護委員会が、マイナンバーの適切な管理を監視・監督しています。

■マイナンバーの利用範囲

マイナンバー制度は税務署、社会保険庁、自治体などがそれぞれ保有する個人情報を一元管理するものではありません。マイナンバー法によって定められる場合に限って、情報提供ネットワークを通じた照会・提供が行われます。マイナンバーの利用範囲を図表5.2.1に示します。

図表5.2.1　マイナンバーの利用範囲

分野	利用範囲（例）
社会保障制度	年金の資格取得・確認・給付手続き、雇用保険などの資格取得・確認・給付手続き、医療保険などの保険料徴収などの医療保険者による手続き、福祉分野の給付、生活保護の実施
税制	確定申告や法定調書の事務処理など
災害対策	被災者生活再建支援金の支給

補足*2

法人（国の機関、地方公共団体、設立登記法人など）に関しては、法人番号が付与され、税分野、社会保障などの手続きに使用される。

用語*3

マイナンバーカード
表面には顔写真・氏名・住所・生年月日など、裏面には個人番号が表示され、内蔵のICチップには電子証明書の情報が記録される。ただし、所得などのプライバシー性の高い情報は記録されない。マイナンバーカードは、市区町村に申請することで交付され、身分証明書として使用することができる。将来的には、スマートフォンにマイナンバーカードの機能を搭載するという方針が決まっている。

3 公職選挙におけるインターネット利用

インターネット等の普及に鑑み、選挙運動期間における候補者に関する情報の充実、有権者の政治参加の促進等を図るため、インターネット等［補足*4］を利用する方法による選挙運動が解禁されました（図表5.2.2）。これにより、個人演説会の案内、演説や活動の動画など、選挙に関し必要な情報を、随時インターネットを通じて提供できるようになりました。また、候補者・政党等以外の者のWebサイト等による選挙運動もできるようになりました。

一方、責任ある情報発信を促し、情報が無秩序に氾濫することを抑制するため、一定の規制が設けられています。

補足*4
インターネットのほかに、社内LANや赤外線通信などを利用する方法が含まれる。

図表5.2.2　公職選挙法によるインターネット選挙運動の解禁（例）

解禁事項	説明
Webサイト等による選挙運動用の文書図画の頒布	何人もWebサイト等［補足*5］を利用する方法等により選挙運動を行うことができる。ただし、電子メールを利用する方法は除かれる。Webサイト等には、電子メールアドレスなど連絡先の表示が義務付けられる。
電子メールによる選挙運動用の文書図画の頒布	候補者・政党などに限って、SMTP方式による電子メール［補足*6］や電話番号方式（SMS）による電子メールで、選挙運動用の文書図画を頒布することができる。送信先は選挙用電子メールの送信を求め、同意した者などに限られ、無差別に送信することはできない。
選挙期日後の挨拶行為	選挙期日後に当選・落選に関して選挙人に挨拶をする目的で、Webサイトや電子メールなどインターネット等を利用する方法で文書図画の頒布ができる。

補足*5
Webサイト等には、ホームページ・ブログ・SNS・動画共有サービス・動画中継サイトが含まれる。

補足*6
GmailなどのWebメールも電子メールに含まれる。

• 選挙に関するインターネットの適切な利用

候補者および政党は、Webサイトや電子メールによる選挙運動用の文書図画の頒布を行うことができるようになりました。つまり、従来から行われている新聞広告、ビラ・マニフェストの配布、ポスターの掲示などの方法以外に、インターネットが利用できるようになったということです。また、有権者は、選挙期間中、SNSやブログ、動画共有サービスなどを使った選挙活動（候補者支援の呼びかけや投票依頼など）を行うことができます。

• インターネット等を利用した選挙運動における制限

以下に、インターネット等を利用した選挙運動において禁じられている行為について例を示します。

• 有権者が選挙運動用のメールを送信すること（電子メールを使って選

挙運動ができるのは候補者・政党などに限られる)。

- 有権者が候補者・政党などから送られてきた選挙運動用のメールを転送して配布すること。
- 選挙運動用のWebサイト、候補者・政党などから届いた選挙運動用の電子メールなど、選挙運動用の文書をプリントアウトして頒布すること。
- 選挙運動期間外にインターネットを使った選挙運動を含む選挙運動を行うこと(公示・告示日から投票日の前日までは選挙運動ができる)。
- 18歳未満の者がインターネットによる選挙運動を含むすべての選挙運動を行うこと。
- 選挙運動に有料インターネット広告を利用すること。

以下に、誹謗中傷・なりすましなどについて禁じられている行為について例を示します。

- 候補者などのWebサイトを改ざんすること。
- 候補者に関する虚偽の事項を公開すること。
- 真実に反する氏名・名称・身分を表示して、インターネットを利用する方法で通信を行うこと。
- 悪質な誹謗中傷行為を行うこと(表現の自由を濫用して選挙の公正を害することのないようインターネットの適正な利用に努める)。

コラム ● 有権者の選挙運動行為

選挙に関連して、有権者は、インターネットを利用して以下のことを行うことができます。なお、いずれも18歳未満は有権者ではないので行うことはできません。

- Webサイトやブログ、SNSなどで「××さんに投票しよう」などと呼びかけること(ただし、選挙期間中のみで投票日当日は不可。なお、前日までに書き込んだ内容は削除しなくてもよい)。
- (上記のような)ほかの人の選挙関連の投稿をSNSにおいてシェアすること。
- 選挙運動用のWebサイト、候補者・政党などから届いた選挙運動用の電子メールなどをプリントアウトして個人的に見ること。

画像提供

1-2-2 インターネットの可能性

図表 1.2.10　ヘッドマウントディスプレイを使用した VR 体験「PlayStation VR」
株式会社ソニー・インタラクティブエンタテインメント

2-1-1 代表的な情報機器

図表 2.1.5　スマートスピーカ（Amazon Echo）　アマゾンジャパン合同会社

2-1-2 インターフェース

補足 *5　Bluetooth のロゴマーク　Bluetooth SIG, Inc.

2-1-3 パソコンに接続して利用する機器

図表 2.1.15　液晶ディスプレイ　株式会社アイ・オー・データ機器

2-1-4 デジタルデータと記憶装置、記録メディア

図表 2.1.21　ハードディスクドライブ　株式会社バッファロー

図表 2.1.22　USB メモリ　株式会社バッファロー

図表 2.1.23　メモリカード　株式会社バッファロー

4-2-1 インターネットの安全な利用

補足 *3　プライバシーマーク　一般財団法人日本情報経済社会推進協会（JIPDEC）

補足 *8　PC リサイクルマーク　一般社団法人パソコン 3R 推進協会

索引

■五十音

アドバイザ　後藤滋樹（早稲田大学 名誉教授）
村井　純（慶応義塾大学 環境情報学部 教授）
永野和男（聖心女子大学 名誉教授・法人本部 参与）
松田政行（公益社団法人著作権情報センター・著作権研究所 研究顧問、松田山崎法律事務所 弁護士）
山崎貴啓（公益社団法人著作権情報センター・著作権研究所 特別研究員、松田山崎法律事務所 弁護士）

執筆協力　秋山　進
浅野加奈
岩﨑美苗子
小林道夫
鈴木聡介
田邊則彦
根本圭子
平井宏明
吉川昌吾

茨城大学 人文社会科学部地域志向教育プログラム
プロジェクト演習　IBADAI × ICT ラボチーム
http://pbl.hum.ibaraki.ac.jp/project.html

NTTコミュニケーションズ
インターネット検定
ドットコムマスター　ベーシック
.com Master BASIC
公式テキスト 第4版

2011年1月21日　第1版第1刷発行
2013年8月15日　第2版第1刷発行
2017年4月10日　第3版第1刷発行
2020年3月31日　第4版第1刷発行

著　者　NTTコミュニケーションズ株式会社

発　行　NTTコミュニケーションズ株式会社
〒100-8019 東京都千代田区大手町2-3-1 大手町プレイスウエストタワー

発　売　NTT出版株式会社
〒108-0023 東京都港区芝浦3-4-1 グランパークタワー
TEL：03-5434-1010　FAX：03-5434-0909

装幀・本扉デザイン　髙橋孝輔（株式会社 自然農園）
本文組版　有限会社土屋デザイン室
印刷・製本　図書印刷株式会社

本書の内容に関するお問合せは、電子メールにて、
kentei@ntt.com までご連絡下さい（お電話によるお問合せはお受けしておりません）。

ISBN 978-4-7571-0394-8 C3055